U0185869

WHAT IS LIFE ?

MIND AND MATTER

薛定谔

生命、意识与物质

〔奥〕埃尔温·薛定谔　著

陆永耕　译

中国科学技术出版社

华语教学出版社

·北　京·

图书在版编目（CIP）数据

薛定谔：生命、意识与物质 /（奥）埃尔温·薛定谔著；陆永耕译. —北京：中国科学技术出版社：华语教学出版社，2023.11

ISBN 978-7-5236-0270-6

Ⅰ.①薛… Ⅱ.①埃… ②陆… Ⅲ.①生命科学—普及读物 Ⅳ.① Q1-0

中国国家版本馆 CIP 数据核字（2023）第 102193 号

总　策　划	秦德继	
责任编辑	剧艳婕　王寅生	
特约编审	刘丽刚	
封面设计	锋尚设计	
版式设计	锋尚设计	
责任校对	张晓莉	
责任印制	马宇晨	

出　　版	中国科学技术出版社　华语教学出版社
发　　行	中国科学技术出版社有限公司发行部　华语教学出版社
地　　址	北京市海淀区中关村南大街 16 号
邮　　编	100081
发行电话	010-62173865
传　　真	010-62173081
网　　址	http://www.cspbooks.com.cn

开　　本	880mm×1230mm　1/32
字　　数	140 千字
印　　张	5.75
版　　次	2023 年 11 月第 1 版
印　　次	2023 年 11 月第 1 次印刷
印　　刷	河北鑫兆源印刷有限公司
书　　号	ISBN 978-7-5236-0270-6/Q·253
定　　价	58.00 元

（凡购买本社图书，如有缺页、倒页、脱页者，本社发行部负责调换）

译者序

生命，这一关乎所有人的主题，是每个人都无法回避，也无法回答的问题。人从哪里来，到哪里去，这显然不仅仅是一个科学问题，更是一个哲学问题，看似属于自然科技的内容，却蕴含了人文思想的精髓。

本书以一个物理科学家的视角，从物理世界的角度去看待生命的诸多现象。书中叙述了那些古今中外的先贤在这个问题上孜孜以求、不断探索的过程。从书中我们也可以看出，在对生命问题的探索、理解、寻找它的结构和规律方面，人们所遇到的困难，以及在自我完善解决的过程中，取得的一些建设性成果。

那些看似毫无章法可循的现象，经过人们的长期努力，剥丝抽茧，也慢慢显山露水，人们发现了其中或隐或现的规律与规则，找到了人性中的阴暗晦涩与璀璨夺目，揭示了精神世界的思想与追求。书中，随手拈来的一个故事，一个示例，一个科学实验，一个隐喻，虽然只有寥寥数语，却道尽了其中的科学道理。本书围绕生命的方方面面，始终以生命发展为主题，展现了作者深邃的思想和深厚的专业功底。

这里充满了猜想、遐想、假想与设想，甚至还有臆想、妄想和狂想，让我们看到了人们为之所付出的试验、验证、分析和统计等诸多可用与不可用的方法。人类就是在这些无法想象和不可思议之中，寻到了一条条规律。

动与静，变与恒，同与异，直与曲，通与阻，显与隐，阴与阳，正与邪，虚与实，真与假，有与无，主与次，丑与美，悲与喜，勤与懒，确定与不确定等诸多概念，无疑是人类无限生命探索道路上的一个个闪亮的里程碑。所有这一切矛盾与不可能，都集中体现在了这一充满智慧思想的生命体中。

本书主要包含两个方面的内容，前半部分为"生命是什么"；后半部分为"意识与物质"，是关于人的世界两元论等诸多概念中的物质和精神方面的系统阐述。

生命就是这样，不管环境如何变化，适者生存；不管你如何看待我，依然我行我素；不管最终世界如何变化，我思故我在。

本书对今天的我们来说，仍然具有现实意义。确实值得我们反复阅读！

陆永耕

2023年6月

前 言

————❦————

20世纪50年代初，当我还是一个学数学的年轻学生时，我没有读过很多书，但我至少读完了埃尔温·薛定谔（Erwin Schrödinger）的这本著作。我总觉得他的文章很有说服力，有一种发现带来的兴奋感，让我们对所处的这个神秘世界有一些真正的新理解。在他的著作中，最具有这种品质的莫过于他的经典短篇作品《生命是什么》，我现在意识到，这是本世纪最具影响力的科学著作之一。这本书体现了一位物理学家对理解生命奥秘的有力尝试，其深刻见解对我们理解世界做出了巨大的贡献。这种跨学科内容的作品是不寻常的，但它写得很讨喜。即便非专业人士也很容易理解。事实上，许多在生物学方面做出贡献的科学家，如J. B. S. 霍尔丹（J. B. S. Haldane）和弗朗西斯·克里克（Francis Crick），都表示曾受到这位见解独到、思想深刻的物理学家在书中所提观点的深远影响。

像许多对人类思想产生巨大影响的作品一样，本书提出的观点一旦被掌握，也有一种自然的真理性，然而却被大部分人忽略了。我们还经常听到有人说，"量子效应在生物学研究中没有什么意义",甚至"我们吃东西是为了获得能量",看来《薛定谔:生命、物质与意识》对今天的我们来说仍然具有现实意义。这本书十分值得反复阅读!

罗杰·彭罗斯(Roger Penrose)

1991年8月8日

自 序

———∽———

人们通常认为，科学家应该对自己所研究的课题拥有完整和透彻的认识，期望他就所擅长的课题进行写作，这被认为是身在其位即谋其职。为了完成这本书的写作，如果我有什么因此而获得的荣誉的话，我请求放弃，并免除随之而来的责任与义务，我的理由如下：

我们从祖先那里继承了对全面、统一的知识的热切渴望，最高学府的名称（University）本身就提醒我们，自古以来，普遍性（universal aspect）是唯一得到充分肯定的方面。但是，在过去一百多年的时间里，各种知识在广度和深度上的传播，使我们面临着一种两难境地。我们清楚地认识到，我们才刚刚开始获得一些可靠的资料，并试图将所有已知的资料融合成一个整体，但此外，一个人几乎不可能完全掌握其中的哪怕一小部分的专业内容。

我认为，只有我们中的一些人敢于冒险，对已知的事实和理论进行整合，即使对其中一些事实和理论的了解是间接的、不完整的，才能摆脱这种困境。

这就是我的想法。

语言造成的障碍是无法忽视的，一个人的母语就像是一件合身的衣服，当他无法直接获得这件衣服而必须用另一件来替代时，他会感到非常不自在。感谢因克斯特（Inkster）博士（都柏林三一学院）、巴德莱格·布朗（Padraig Browne）博士（梅努斯圣帕特里克学院），以及S. C. 罗伯特先生。为了给我"穿上合身的新衣"，他们付出了巨大的努力，而我因为有时不愿意放弃自己衣着的"原创"时尚元素，更是给他们添了不少麻烦。

　　当然，我的朋友们尽可放心，书中内容责任在我。

　　书中众多章节的标题原本只是作为页边摘要，因此每一章的正文需要连贯地阅读下来。

E. S. 薛定谔

1944年9月

目　录

第一部分　生命是什么

后　记

第二部分　意识与物质

第一章

意识的物理基础…84

第三部分　自传

第一部分

生命是什么

第一章 | 经典物理学家对生命问题的探讨

我思故我在。

——笛卡尔

研究的一般性质和目的

创作这本小书，源于一位理论物理学家为大约400名听众举办的系列公开讲座，虽然一开始，演讲人就声明这个讲座不属于通俗易懂一类的。尽管这位物理学家没有使用让人敬而远之的数学推导演绎方法，其原因不是因为该主题简单到可以不用数学来解释，而是因为它涉及的内容太多，无法完全用数学运算来解释。如果讲座听起来还算通俗，那是因为主讲人试图同时向物理学家和生物学家阐明那些介于生物学和物理学之间的一些基本思想。

实际上，尽管本书所涉及的主题多种多样，但整本书的目的只是对一个重大问题发表一些评论。为了避免不必要的误解，事先简要概述一下计划是有益的。

这里要讨论的重大问题是：

在生物体的空间内发生的各种时空中的事件，该如何用物理学和化学来解释？

这本书力图阐释和确立的初步回答，可以归纳如下：

当前的物理学和化学显然无法解释这些事件，但不能因此而怀疑这些事件是否可以用物理学和化学来解释。

统计物理学：结构上的根本性差异

如果这句话只是为了激发人们对未来的希望，就未免太微不足道了。但这句话的含义很积极，那就是迄今为止，物理学和化学的"不作为"似乎得到了充分说明。

今天，得益于生物学家，主要是遗传学家在过去三四十年间所做的创造性工作，人们对生物体的实际物质结构及其功能的了解，足以准确告诉人们，为什么目前的物理学和化学无法解释生物体内的时空发生的事件。

生物体最重要部分的原子排列及其相互作用与科学家所研究的所有原子排列有着根本的不同。[①]然而，我刚才所说的根本的不同是这样一种差异：除了深信物理和化学定律都是统计学知识的物理学家外，任何人都会认为这种差异微不足道。

因为从统计学的角度来看，生物体重要部分的结构与科学研究的物质或在写字台上处理过的任何物质的结构都完全不同。[②]难以想象的是，这样发现的定律和规律能够适用于那些没有表现出这些定律和规律所依附结构的系统的表现。

我们不能期望非物理学家能够理解如此抽象的术语所表述的

---

① 这个论点可能显得有点太笼统了。本书末尾处会讨论这个问题。

② 这一观点已经在F. G. Donnan的两篇最有启发性的论文中得到了表现。

"统计结构"上的区别。为了使表述更加生动有趣，请允许我提前介绍一下后面会详细解释的内容，即活细胞最重要的部分——染色体纤丝，它可以被恰当地称为非周期晶体。迄今为止，我们在物理学中只讨论过周期晶体，对一般的物理学家来说，这些都是非常有趣又复杂的物体，它们构成了最迷人又最复杂的物质结构之一，这种结构已经使得无生命的大自然让人痴醉。然而，与非周期晶体相比，它们却相当单调、乏味。这种结构上的差异，就像一张重复出现相同图案的普通墙纸与一件刺绣杰作（比如拉斐尔的挂毯）之间的差异一样。拉斐尔的挂毯绝非单调重复的展示，而是这位大师条理清晰、富含深意的精心设计。

在说将周期性晶体作为所研究的最复杂对象之一的人时，我想到的是物理学家本身。事实上，有机化学在研究越来越复杂的分子时，其研究的已经非常接近"非周期性晶体"了。在我看来，它是生命的物质载体。因此，有机化学家已经对生命问题做出了重大贡献，而物理学家却几乎无所作为，这并不奇怪。

朴素物理学家对该主题的态度

在简要说明了我们研究的总体思路或最终目标之后，现在我来阐述一下研究思路。

我准备首先提出的可以称之为"一个朴素物理学家关于生物体的想法"，也就是说，一个物理学家在学习了物理学，特别是统计学基础之后，开始对生物体及其行为和运作方式展开思考，最后他认真地问自己：依据所学知识，利用他相对简单、清晰和谦卑的科学观点，他是否能够对解决这个问题有所贡献。

事实将证明，他能够有所贡献。接下来将他的理论预见与生物学事实进行比较，我们会发现，尽管总体上他的观点似乎很合理，但需要做进一步修正。通过这种方式，我们会逐渐接近正确的观点，或者更谦虚地说，接近我提出的那个正确观点。

即使我在这一点上是正确的，我也不知道这是否是最好、最简单的方式，但，这是我的方式，那个"朴素物理学家"就是我自己，而我无法找到比自己这种曲折的方式更好或更清晰的方法来实现这个目标。

为什么原子这么小

阐述"朴素物理学家"的想法，不妨从一个奇怪、近乎可笑的问题开始：原子为什么这么小？首先，它们确实非常小。日常生活中接触的每一小块物质都含有大量的原子。为了让听众了解这一事实，人们设计了许多例子，其中开尔文勋爵（Lord Kelvin）使用的例子最为令人印象深刻。假设你可以给一杯水中的分子做上标记，然后将杯子里的水倒入海洋，并充分搅拌，使标记的分子均匀地分布在七大洋中；之后，如果你从海洋中的任何地方取一杯水，你会发现其中有大约100个分子是你所标记的。[1]

原子的实际尺寸大约是黄光波长的1/5000 ~ 1/2000。[2]这种比较很有意义，因为波长大致显示出在显微镜下可识别的最小颗粒的尺寸，即使这样大小的颗粒仍包含了几十亿个原子。

---

[1] 当然，你不可能正好找到100个（即使这是精确的计算结果）。你可能会发现88个、95个、107个、112个，但不太可能少到50个，也不会多到150个。"偏差"或"波动"的数量级为100的平方根，即10。统计学家表示，你会找到（100±10）个。这一言论暂且不提，后面会再次讨论，它提供了一个统计学 $\sqrt{n}$ 定律的例子。

[2] 根据目前的观点，原子没有明确的边界，因此，原子的"尺寸"并不是一个很明确的概念。但我们可以根据固体或液体中原子中心间的距离来确认（如果你愿意的话，也可以说代替），当然不是在气体状态下，在正常的压力和温度下，气态下原子中心之间的距离大约会增加10倍。

那么，原子为什么会这么小？

显然，这个问题似乎是在回避什么，因为问题的真正目标并不是探究原子的大小。我们关注的是生物体的大小，尤其是我们自己的身体的大小。事实上，如果以我们日常使用的长度单位（如码或米）衡量，原子是很小的。在原子物理学中，人们习惯使用埃（Ångström，简写为Å），它是1米的 $\frac{1}{10^{10}}$ ，用十进制符号表示为0.000 000 000 1米，原子直径在1～2埃之间。现在，这些日常单位（相对于此，原子是如此之小）与我们身体的大小密切相关。

有一个故事说，"码"来源于一个英国国王的幽默。国王的议员们请示他采用什么单位，他侧身伸出手臂说："从我的胸部中间到我指尖的距离，这样就可以了。"无论真实与否，这个故事对我们来说很重要。国王会自然地用与他自己身体相比较的方式来指明一个长度，因为他知道，用其他任何事物做衡量标准都是非常不方便的。尽管物理学家对"埃"这个单位"情有独钟"，但他更愿意被告知他的新西装需要用6.5码的布，而不是650亿"埃"的布。

现已确认我们所提问题的真正目的是两个长度的比值，即我们身体的长度和原子的长度的比值；而鉴于原子独立存在，它具有无可争辩的优先权，这个问题应该理解为，与原子相比，我们的身体为什么一定要那么大。

可以想象，许多热衷于物理学或化学的学生，可能已经对这样一个事实感到遗憾：我们身上的每一处感觉器官，或多或少地构成了我们身体的一部分，而（鉴于上述比例的大小）器官本身是由无数的原子组成的，只是它太粗糙了，无法受到单个原子的影响，我们无法看到、感觉到或听到单个原子，我们关于原子的假说与我们粗糙庞大的感官所获得的直接发现大相径庭，也无法通过直接观察来检验。

一定是这样吗？是否有什么内在原因？为了查明和理解为什么我们的感官不符合自然规律，我们能不能把这种状况追溯到某种第一原理呢？

这一次，物理学家能够彻底解决这个问题了，所有问题的答案都是肯定的。

有机体的运作需要精确的物理规律

如果情况并非如此，如果我们是非常敏感的生物体，以至于一个原子，或者即便是几个原子，都能让我们的感官产生可感知的印象，那么，生命会是什么样子？我想强调一点，那种生物体肯定无法发展出一种有序的思想，而这种思想在经历漫长的早期阶段后，最终能形成包括原子观念在内的许多其他观念。

尽管我们选择了这一点来谈，但下面思考的这些问题也适用于大脑和感觉系统之外的各个器官的运作。然而，我们对于自己最感兴趣的是，我们有感觉、思维和知觉。对于负责思考和感受的生理过程来说，所有其他的生理过程都只起着辅助作用，至少从人类的角度来说是这样，如果不是从纯粹客观的生物学角度来看的话。此外，这样有利于我们选择与主观事件密切相关的过程来进行研究，尽管我们对这种对应的本质还一无所知。在我看来，它超出了自然科学的范围，甚至可能完全超出了人类的理解范围。

于是，我们面临着以下问题：为什么像我们大脑这样的器官，以及附属于它的感觉系统，必须由数量庞大的原子组成，以使其物理状态变化与高度发达的思想密切对应？上述器官（作为一个整体或在它与环境相互作用的外围部分）所实现的任务，与一个能够灵敏地响应和记录来自外部单个原子碰撞的装置，判断两者是否一致的依据是什么呢？

原因就是我们所说的"思想"：（1）本身就是一种有序的东西；（2）只能适用于在一定程度上有序的材料，即感觉或经验。这会出现两种后果。其一，一个身体组织要与思想紧密对应（就像大脑与思想相对应一样），必须是一个非常有秩序的组织，这意味着发生在它内部的事件必须遵守严格的物理规律，至少要达到非常高的准确性。其二，来自外部的其他物体对该物理组织有序的系统所造成的物理印象（显然对应于与相应思想的感觉和经验），形成了我所说的材料。因此，我们的系统和其他系统之间的物理作用关系，本身就拥有一定程度的物理秩序，也就是说，它们也必须在一定程度上遵守严格的物理规律。

物理规律近似性源于原子统计概念

为什么这一切不能在一个仅由中等数量的原子组成且能受一个或几个原子的影响的生物体中实现呢？

因为我们知道，所有的原子时时刻刻都在做完全无序的热运动，这是与它们的有序行为相悖的，并且少数原子之间发生的事件也无规律可循。只有在大量原子合作时，统计规律才能影响和控制这些集合体的行为，其准确性随着参与原子数量的增加而增加。事件以这种方式才表现出了真正的有序特征。所有已知的在生物体生命中起重要作用的物理和化学规律都有这种统计学规律，人们所能想到任何其他类型的规律性和有序性都被原子的不断热运动所干扰，并使之无法运行。

例一 顺磁：精确性基于大量原子的参与

我想用几个例子来说明这一点，这是从几千个例子中随意挑选的。对于初次了解这种状况的读者来说，这可能不是最好的例子，也不一定是最吸引人的。这种状况在现代物理学和化学中是很基础的，就像生物学中生物体是由细胞组成的，或者像天文学中的牛顿定律，甚至像数学中的整数系列1、2、3、4、5...一样。

初学者可以从下面内容中获得对这个主题的理解，这个主题与路德维希·玻尔兹曼（Ludwig Boltzmann）和威拉德·吉布斯（Willard Gibbs）的名字有关，在教科书中被称为"统计热力学"。

如果你将一个长方形石英管充满氧气后放入一个磁场中，会发现气体被磁化。[①]磁化是由于氧气分子是小磁体，就像罗盘针一样倾向于使自己的方向与磁场平行（见图1）。但是千万不要以为它们都是平行的，因为如果你把磁场加倍，氧气中的磁化也会加倍，磁化程度会随着磁场强度的增加而增加。

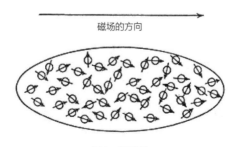

磁场的方向

图1 顺磁性

---

① 这里选择气体，是因为它比固体或液体简单，事实上，在这种情况下，磁化是非常弱的，不会影响理论结果。

　　这是一个特别明显的纯粹统计学规律的例子，磁场方向不断遭到随机方向的热运动的对抗，这种对抗的结果只是使偶极轴与场之间的锐角比钝角略胜一筹。尽管单个原子不断地改变方向，但总体来看（由于它们的数量巨大），沿着场的方向上稍占优势，并与之成正比，法国物理学家 P. 郎之万（P. Langevin）给出了这一合理的解释。它通过以下方式来验证，如果观察到的弱磁化确实是相互对抗的结果，即旨在梳理所有分子平行的磁场，和导致随机取向的热运动，那么就应该可以通过削弱热运动来增加磁化，也就是说，通过降低温度，而不是加强磁场。实验证实了磁化与绝对温度成反比的结果，这在定量上与理论（居里定律）是一致的。

　　我们甚至能够通过现代设备降低温度，将热运动减少到一定程度，以显示磁场的定向趋势，即使不是完全的，至少也足以产生相当一部分的"完全磁化"。在这种情况下，我们不再期望通过改变磁场强度来改变磁化程度，而是期望后者不会随着磁场而变化，接近所谓的"饱和度"，这一预期也得到了实验的定量证实。

　　应注意，这种行为完全取决于合作产生可观察到的磁化现象的大量分子。否则，磁化绝对不是恒定的，而是持续不断的无规则波动，表现为热运动和场之间的对抗。

例二　布朗运动，扩散

　　如果在一个封闭玻璃容器的下部，充满由微小液滴组成的雾，你会发现雾的上边界会以一定的速度下沉（图2），该速度由空气黏度及液滴的大小和比重决定。但是，如果你在显微镜下观察其中一个液滴，会发现它并没有以恒定的速度下沉，而是进行一种非常不规则的运动，即布朗运动，只有从统计学来看，这才是一种规则的下沉（图3）。

现在，这些液滴不是原子，但它们足够轻而小，所以会受到那些冲击其表面的单分子的影响，它们就这样被撞来撞去，总体来说才受到重力的影响进行下沉运动。

这个例子表明，如果我们的感官也能感受到几个分子的影响，将是多么滑稽和混乱的体验。细菌和一些其他非常小的生物体，它们会受到这种现象的强烈影响。它们的运动是由周围介质的热效应决定的，它们没有选择。如果它们有自己的动力，它们可能会成功地从一个地方运动到另一个地方，但很困难，因为热运动使它们像在波涛汹涌的大海中颠簸的小船。

一个非常类似于布朗运动的现象是扩散现象。例如，在一个充满液体（比如水）的容器中，溶解少量的有色物质（比如高锰酸钾），浓度并不均匀，如图4所示，其中的点表示溶解的物质（高锰酸钾）的分子，浓度从左到右逐渐减小。如果你不对这个系统施加外力，就会开始一个非常缓慢的"扩散"过程，

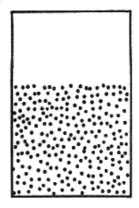

图2 沉降的雾

图3 水滴下沉的布朗运动

高锰酸钾会从左到右扩散（图4），也就是说，从浓度高的地方向浓度低的地方扩散，直到它在水中均匀分布。

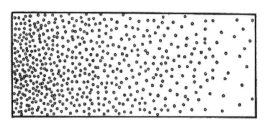

图4 在不同浓度的溶液中从左向右扩散

值得注意的是，这个简单且不是特别有趣的过程，并不像人们想象的那样，是由于某些趋势或力量驱使高锰酸钾分子从稠密区域转移到稀疏的区域，就像一个国家的人口会分散到那些人烟稀少的地方。每一个高锰酸钾分子的行为都是独立的，很少相互碰撞。然而，每一个高锰酸钾分子，无论是在拥挤的区域还是在稀疏的区域，都不断受到水分子的碰撞，从而逐渐向一个不可预知的方向移动，有时向高浓度区域移动，有时向低浓度区域移动，有时斜着移动。这种运动经常被比作一个被蒙住了眼睛的人的"行走"，没有任何方向偏好，因此不断地改变行走路线。

这种随机运动，对所有高锰酸钾分子来说都是一样的，最终有规律地流向浓度较小的区域，并实现均匀分布，这一点乍一看令人感到困惑。如果把图4想象成在某一时刻浓度大致恒定的薄片，通过随机行走，高锰酸钾分子确实会以相同的概率被带到右边或左边。但正是由于这一点，在分隔两个相邻切片的平面上，从左边来的分子会比右边的多，这只是因为左边有比右边更多的分子在随机行走。只要是这样，状态就会显示为从左到右的规律性流动，最终达到均匀分布的效果。

把这些过程转化为数学语言，准确扩散定律可以表示成偏微分方程：

$$\frac{\partial \rho}{\partial t} = D\nabla^2 \rho$$

我不打算麻烦读者来理解这个方程，尽管用普通语言解释出来的含义已足够简单。[①]在这里提到严格"数学上精确"定律的原因是为了强调，它的"物理精确性"在每个特定的应用中都会受到挑战。

纯属偶然，其有效性只是近似的，如果它是一个非常好的近似值，那也只是因为在这个现象中参与的分子数量巨大。如果它们的数量少，我们所预期的规律就会出现相当大的偏差，条件合适时，可以观察到这些偏差。

例三　测量准确度的极限

我要举的最后一个例子与第二个例子很相似，但其有特别的意义。用一根细长的纤维把一个轻物体悬挂起来，并保持在平衡位置，然后通过电、磁或引力使其围绕垂直轴产生扭转，物理学家经常用这种方法来测量使其偏离平衡位置的力度（当然，为了特定的目的，必须适当地选择轻物体。）为提高这种常用"扭转天平"装置的准确性，我们遇到了一个奇怪而又有趣的极限现象。

选择越来越轻的物体和越来越细的纤维，以使天平能受到越来越弱的力的影响，当悬挂体明显受周围分子热运动的影响并开始围绕其平衡位置进行不规则的"摇摆"时，就达到了极限。

---

① 也就是说，浓度在任何一点上的增加（或减少）与浓度在其无穷小的环境中的相对富裕（或不足）成正比。此外，热传导定律也有完全相同的形式，只是"浓度"被"温度"取代。

虽然这种行为对用天平获得的准确性测量没有绝对的影响，但却设置了一个准确性的极限。热运动的不可控效应与待测量力的效应相互影响，这使得观察单一偏转毫无意义。你必须多次观察，以消除仪器的布朗运动的影响。这个例子对我们目前的研究特别有启发性，因为我们的感觉器官相当于是一种仪器。我们可以看到，如果它们变得过于灵敏，那将是多么无用。

$\sqrt{n}$ 规律

我还想补充一点，在生物体内或与环境相互作用中，没有一条物理学或化学定律是不能作为例子的。详细的解释可能更复杂，但要点总是相同的，因此重复描述会变得单调乏味。

因为任何物理规律都有不准确度，我想补充一个非常重要的定量说明，即所谓的$\sqrt{n}$规律。下面将通过一个简单的例子来说明它，并再加以概括。

如果我告诉你，某种气体在一定的压力和温度下具有一定的密度，如果在一定的体积内（大小根据实验需要），只有n个气体分子，若能在特定的时间内测试前面的陈述，你会发现它是不准确的，偏差数量是$\sqrt{n}$。因此，如果数字$n=100$，你可能会发现偏差大约为10，因此，相对误差=10%。但如果$n=100$万，你可能会发现偏差约1000，则相对误差=0.1%。粗略地说，这个统计现象是物理学和物理化学定律中普遍存在的，在$1/\sqrt{n}$的一定误差范围内，其中，n是在这些重要空间或时间（或两者）区域内，使某些特定实验有效的分子数量。

由此可以再次看到，有机体必须有一个相对大的结构，才能使其内部运动及其与外部世界的相互作用都有相当精确的规律。

反之，粒子数量太少，"规律"也就不准确了。要求特别苛刻的是平方根，虽然100万是一个相当大的数字，但仅仅符合"自然定律"1/1000的精确度就不够好了。

第二章 | **遗传机制**

　　存在是永恒的，因为有保护生命之宝的法则，宇宙从中汲取生命之美。

　　　　　　　　　　　　　　　　　　　　——歌德

古典物理学家的期望有不足

　　因此，我们得出的结论是，一个有机体和它所经历的所有生物学相关的过程必须有一个极"多原子"的结构，并且必须防止偶然"单原子"事件产生太大的影响。"朴素物理学家"告诉我们，这一点是至关重要的，这样有机体才有足够准确的物理规律，并进行足够准确的规律性和秩序性运作。从生物学的角度来讲，这些已验证的结论（即从纯物理的角度）如何与生物学的事实相一致呢？

　　乍一看，人们常常认为这些结论不值一提。也许30年前的生物学家就说过，强调统计物理学在生物体内和其他地方的重要性是非常合理的，但事实上，这一点是人们所共知的。因为，任何高等物种的成年个体，不仅是身体，组成它的每一个细胞都包含了"宇宙级"数量的单原子。而我们观察到的每一个特定的生理过程，无论是在细胞内还是在与环境相互作用中，都涉及数量巨大的单原子和单原子过程，30年前就是如此了，即使在统计物理学对"大数"的严格要求下，所有物理学和物理化学定律也有效，我刚才用$\sqrt{n}$律说明了这种要求。

今天，我们知道这种观点是错误的。正如我们现在所看到的，小得令人难以置信的原子群，小得无法精确显示的统计规律，却在生物体内主导了非常有序、有规律的事件。它们控制着生物体在发育过程中获得可视的宏观特征，决定着生物体功能的重要特征，在所有这些方面都显示出非常确切且严格的生物学定律。

首先，我必须对生物学，特别是遗传学的情况做一个简要的总结，换句话说，我必须对一个我并不精通的学科的现状进行总结，我要为我的非专业性表示抱歉，特别是对生物学家。另一方面，请允许我或多或少地在你们面前提出普遍的观念，一个理论物理学家不可能对生物实验证据做出像样的研究，这些证据一方面来自长时间积累、复杂交织在一起的大量繁育实验，另一方面来自用现代显微镜对活细胞的直接观察。

遗传密码本——染色体 ①

我在生物学家称之为"四维模式"的意义上，使用生物体的"模式"一词，不仅指该生物体在成年后或其他任何阶段的结构和功能，还指其从受精卵到成熟个体的整个发育过程，整个四维模式是由受精卵的结构决定的。我们还知道，它本质上是由受精卵的一小部分结构决定的，即细胞核，细胞核在细胞"休止期"，通常表现为分布在细胞内的网状染色质。但在至关重要的细胞分裂过程中（有丝分裂和减数分裂，见下文），人们可以看到它是由一组纤维状或杆状颗粒组成，通常称为染色体，数量为8个

———————————

① 因易被碱性染料着色而得名。

或12个，人类是46个。但是，这些数字应该写成2×4、2×6、2×23①等，按照生物学家的表述，称为两组染色体。尽管单条染色体有时会因形状和大小而被明确区分和个性化，但这两组染色体几乎完全相同，一组来自母亲（卵细胞），一组来自父亲（精子）。正是这些染色体，或者说可能只是我们在显微镜下看到的染色体的一种轴向骨架纤丝，包含了个体未来发展和成熟功能的全部模式的密码。每套完整的染色体都包含完整密码，因此，构成未来个体最初阶段的受精卵里包含了密码的两个副本。

我们把染色体纤丝的结构称为密码，意思是说，拉普拉斯曾经设想过的可以直接判断每个因果关系、洞悉一切的心智就是染色体的结构，可以从卵的结构中看出在适当的条件下，这个卵会发育成一只黑公鸡还是一只芦花母鸡，是一只苍蝇还是一株玉米，是杜鹃花还是甲虫，是一只老鼠还是一个女人。我们可以说，卵细胞的外观往往非常相似，即使不相似，如鸟类和爬行动物的卵相对较大，相关结构上的差别也不像其中营养物质的显而易见的差别那么大。

当然，"密码本"一词过于狭窄，染色体结构同时也有助于实现它们所预示的发育。它们是法律条文和行政权力的统一，或者说它们是建筑师的设计与建筑工人的技术的协调统一。

身体通过细胞分裂（有丝分裂）生长

染色体在个体发育过程中的表现如何呢？②

生物体的生长是通过连续细胞分裂实现的，这种细胞分裂被

---

① 原文是24，正确的是23，后面相同。——译者注
② 个体发生是指个体在其一生中的发展，与系统发生相反，系统发生是在地质时期内物种的发展。

称为有丝分裂。因为我们的身体是由大量细胞组成的，所以在细胞的生命中，有丝分裂并不像人们想象的那样频繁。

在开始时细胞分裂是迅速的。

卵子分裂成两个子细胞，然后分裂成4个细胞，然后是8、16、32、64等。在成长中身体的各个部分，分裂的频率不完全相同，那样会打破这些数字变化的规律性。但是，从它们的快速增长中，通过简单计算，只要50或60次的连续分裂，就足以产生一个成年人的细胞数量。[①]如果考虑到一生中细胞的更替，那是这个数量的10倍。因此，一般来说，一个身体细胞只是那个卵细胞的第50或60代"后代"。

有丝分裂过程中的每条染色体都会被复制

染色体在有丝分裂中是如何表现的呢？它们复制了两套染色体，并且将两份密码副本也复制了。人们在显微镜下对这个有趣的过程进行了深入的研究，但由于涉及面较广，在此就不详述了。突出的一点是，两个子细胞中的每一个都得到了与母细胞完全相似的另外两套完整的染色体。因此，所有的身体细胞都有完全相同的染色体。[②]

无论我们对这一机制了解多少，它都与生物体的机能通过某种方式密切相关，每一个细胞，即使是不太重要的细胞，都拥有一份完整的密码副本（两组）。据报道，蒙哥马利将军在非洲战役中，特意让军队士兵详细地了解他所有的作战计划，如果事实果真如此（考虑到他的军队的高智商和可靠性，可以设想这是真的），这为我们的案例提供了一个很好的类比。在这个案例中，

---

① 粗略地说，100亿或1000亿。

② 生物学家会理解我在这个简短的总结中忽略了马赛克的例外情况。

每一个士兵就相当于一个细胞，最令人惊讶的是在整个有丝分裂过程中，两套染色体始终保持不变。这是遗传机制的突出特征，对这种规则的唯一偏离，就是最好的提示。下面我们就来讨论这种偏离。

减数分裂和受精

在个体发育开始后不久，一组细胞被保留下来，以便在发育后期产生成熟个体生殖所需的所谓的配子，是精子细胞还是卵子细胞，视情况而定。"保留"意味着它们在此期间不产生其他作用，只发生少数几次的有丝分裂。另一种分裂（即减数分裂）是在个体成熟时，从这些保留的细胞中产生配子的过程，通常只在配子融合前很短的时间内才出现这种分裂。在减数分裂中，母细胞的两套染色体简单地分离成两个单染色体组，每组染色体分别进入两个子细胞中，即配子。换句话说，在减数分裂中，染色体的数量并不像有丝分裂那样加倍，染色体的数量保持不变，因此每个配子只收到一半，即只有一个完整的密码副本，而不是两个，例如，在人类的配子中只有23条染色体，而不是$2 \times 23 = 46$。

只有一套染色体的细胞被称为单倍体（haploid，来自希腊语，意为"单一"）。因此配子是单倍体，普通体细胞是二倍体（diploid，来自希腊语，意为"二倍"）。偶尔会出现在所有体细胞中带有三组、四组或多组染色体的体细胞的个体则被称为三倍体、四倍体或多倍体。

在配子结合过程中，雄配子（精子）和雌配子（卵子），都是单倍体细胞，结合形成受精卵，因此是二倍体。一组染色体来自母体，一组来自父体。

单倍体个体

还有一点需要纠正，尽管对我们来说，这并不是必需的，但它确实很有意义，因为它表明，实际上每一组染色体中都包含有"模式"完整的密码本。

有些情况下，减数分裂后并不立即进行受精，期间单倍体细胞（配子）进行多次有丝分裂，结果产生了全是单倍体的个体。雄蜂就是这样，它是由孤雌生殖产生的，也就是说，雄蜂由蜂后的非受精卵产生，因此是单倍体。雄蜂没有父亲，它身体的所有细胞都是单倍体，你甚至可以把它称为一个发育了的精子。实际上，大家都知道，这正是雄蜂生命中唯一的职能。然而，这也许是一个荒谬的观点，因为这种情况并不十分罕见。有一些植物也通过减数分裂产生的单倍体配子，称为孢子，落在地上，像种子一样发育成单倍体植物，形态与二倍体的大小相当。图5是一个森林中常见的苔藓的草图，叶子下部是单倍体植物，称为配子体，其顶端产生生殖器官和配子，通过受精的方式产生二倍体植物，被称为孢子体。裸露的茎的上端发育出孢子囊，通过减数分裂在顶部的孢子囊中产生孢子。当孢子囊打开时，孢子落到地上，发育成叶状茎，这个过程称为世代交替。你也可以认

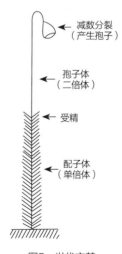

图5 世代交替

为人和动物也是如此。但是，配子体通常是一个非常短暂的单细胞一代，是精子或卵细胞视情况而定。我们的身体与孢子体类似，我们的"孢子"是保留的细胞，它们通过减数分裂产生单细胞的一代。

减数分裂的突出意义

在个体繁殖过程中，真正起决定性作用的事件不是受精，而是减数分裂。一组染色体来自父亲，另一组来自母亲，无论是机会还是命运都不可能改变这一事实。每个人遗传中的一半归于母亲，另一半归于父亲。至于究竟是母系占优势，还是父系占优势，这是由其他原因造成的，我们将在后面讨论（当然，性别本身就是这种优势最简单的例子）。

但是，把遗传来源追溯到祖父母时，情况就不同了。下面我们把注意力集中在父系染色体组上，精确到其中的一条，比如5号染色体，这个染色体可能是我父亲从他父亲那里得到的5号染色体复制品，也可能是从他母亲那里得到的5号染色体复制品。1886年11月，在我父亲体内发生了减数分裂，几天后就产生了能孕育我的精子，究竟包含哪一个染色体复制品，发生的概率各占50%。对于我父系的1号、2号、3号乃至23号染色体，以及我母系的每一条染色体，都可能发生同样的情况。而且，这些染色体都是完全独立的，即使知道我的父系5号染色体来自我的祖父约瑟夫·薛定谔，7号染色体仍然有同样的概率，要么来自我的祖父，要么来自我的祖母玛丽·博格纳。

互换——性状定位

根据前面的描述，某条染色体作为一个整体，要么来自祖父，要么来自祖母，换句话说，单条染色体是整个传递的。然后，在后代遗传中有更大的概率混合祖父母的特性。实际上，染色体不是或并不总是作为遗传整体，在减数分裂（如父亲体内的一次减数分裂）中，任何两条同源染色体都会彼此密切接触，在这期间，它们有时会以不同的方式整段互换，如图6所示。通过这个互换的过程，位于该染色体各自部分的两个属性将在孙辈那一代分离，孙辈将会其中一个部分遗传祖父，另一个部分遗传祖母。这种交换行为既不十分罕见也不十分频

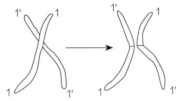

图6 互换
左：两条同源染色体接触
右：在互换之后分离

繁，为我们提供了关于特性在染色体上定位的宝贵信息。如要详细说明，需要用到下一章要介绍的概念（如杂合性、显性等），但会超出本书的范围，所以我仅指出其中的要点。

如果没有互换，同一染色体上的两种特性将一起遗传，在后代遗传中就没有只遗传其中一种特性的情况；在不同染色体上的两种特性，要么有50%的可能性被分开，要么当它们位于同一祖先的同源染色体中时，它们一定会被分开，因为这些染色体永远不可能同时传给下一代。

互换打乱了这些规则和机会。因此，可以通过精心设计大规模的繁育实验，记录后代性状的百分比组成，就可以确定互换的概率。在分析统计数据时，人们接受了假定条件，即位于同一染

色体上的两个属性之间的连锁，越靠近对方就越不容易被互换破坏，因为这样一来，互换点位于它们之间的概率就越小，而位于染色体两端附近的属性则因每次互换而分离（同样的情况也适用于位于同一祖先同源染色体上的特性的重组）。通过这种方式，人们可以期望从"对连锁的统计"中得到每条染色体的某种性状发布图。

这些预期已被完全证实，在经过充分试验的案例中（不仅仅是果蝇），被测试的特性实际上根据染色体数量被分为独立的组，组与组之间没有连锁（果蝇有4条染色体）。

在每一个组内，都可以绘制出一个属性的直线图，从数量上说明该组中任何两个特性之间的连锁程度，因此，毫无疑问，这些特性是被定位的，而且是沿着一条直线定位的，正如染色体的棒状形状所暗示的那样。

当然，这里描述的遗传机制，仍然是相当空洞和乏味的，甚至是略浅显的。因为我们还没有说明，我们所说的特性到底指什么。把一个本质上是统一整体的有机体的模式分解成离散的特性，似乎既不恰当也不可能。我们要说明的是，一对祖先在某个明确的方面存在不同（比如说，一个是蓝眼睛，另一个是棕色），那么后代在这方面要么继承这一个，要么继承另一个，我们在染色体中找到的就是这种差异的位置。（专业术语称为"位点"，或者，至于它所依据的假设性的物质结构，则称为"基因"。）在我看来，真正的基本概念是特性的差别，而不是特性本身，尽管这一说法在语言和逻辑上显然是矛盾的。特性的差异实际上是不连续的，这一点将在下一章中说明，届时我们会谈论突变，我希望，前面讲到的枯燥的理论会在那里变得生动形象。

基因的最大尺寸

前面我们提到了基因这一术语，明确指遗传特征的假想物质载体。现在必须强调两点，这与我们的研究高度相关。第一点是这种载体的大小，或者更确切地说是这种载体的最大尺寸，换句话说即我们可以定位到多小的体积。第二点是如何从遗传模式推断出基因的持久性。

至于大小，有两种完全独立的估计，一个是基于遗传学证据（繁育实验），另一个是基于细胞学证据（直接显微镜观察）。原则上，第一种方法很简单，以上述方式在染色体中找到相当数量的不同（宏观）特征（例如果蝇）后，为了得到所需结果，我们只需将该染色体的测量长度除以特征数量，再乘以横截面面积，就可以得到所需的尺寸。当然，我们只考虑偶尔被杂交分离的特征，所以它们不可能有相同的（微观或分子）结构。此外，很明显，我们的估计只能给出一个最大尺寸，因为随着工作的进行，通过遗传学分析分离出来的特征数量也在不断增加。

再者，虽然是基于显微镜的观察，但实际上并没有那么直接。果蝇的某些细胞（如唾腺细胞）由于某种原因而极度扩大，其染色体也是如此。在这些染色体上，可以分辨出横跨纤丝的横纹密集图案。达林顿曾指出，这些横纹的数量（在他研究的案例中为2000条）虽然大得多，但与通过繁育实验定位在该染色体上的基因数量大致是同一数量级的。他倾向于将这些横纹视为实际的基因（或基因的分离），用正常大小的细胞测量的染色体长度除以它们的数量（2000），他发现一个基因的体积相当于一个边长为300埃的立方体。

极小的数量

下面会详细讨论统计物理学对我所回顾的所有事实的影响，或者说，这些事实对统计物理学在活细胞中应用的影响。需要注意的是：在液体或固体中，300埃大约只是100或150个原子的距离，因此，一个基因所包含的原子肯定不会超过100万或几百万个。要遗传一个遵循统计物理学的有序和规律的行为，这个数字太小了（从$\sqrt{n}$的角度来看），即使所有这些原子都起着同样的作用，就像在气体或液滴中一样。而基因肯定不只是一滴均匀的液体，它可能是一个大的蛋白质分子，其中每个原子、自由基、杂合环都发挥着各自的作用，与其他类似的原子、自由基或环所发挥的作用多少有些不同。总之，这是霍尔丹和达林顿等著名遗传学家的观点，我们很快就会谈到接近于证明这种意见的遗传学实验。

稳定性

现在让我们来谈谈第二个密切相关的问题，遗传特性有什么样的稳定性，携带这些特性的物质结构又有什么特性？

这个问题的答案，其实无须特别的研究就可以回答。仅仅是我们谈到遗传性这一事实，就已经表明我们承认这种稳定性几乎是绝对的。因为，父母传给孩子的不仅仅是这种或那种性状，如鹰钩鼻，短手指，易患风湿病、血友病、白化病等，我们可以方便地选择这些性状来研究遗传规律。但实际上，它是"表现型"的整个（四维）模式，即可见和明显的特性，它在几代人中没有明显的变化，永久存在于若干个世纪（尽管不是几万年），在每次传递时，由两个细胞的细胞核物质结构携带，这两个细胞结合在一起形成受精卵。这是一个奇迹，只有一个奇迹比它更伟大，不过是不同层面的奇迹，如果与它密切相关的话。我指的是：我们的存在完全基于细胞的这种奇妙的相互作用，但却拥有获得关于它大量知识的能力。我认为，这种知识有可能推进到对第一个奇迹的完全理解，但第二个奇迹很可能超出了人类的理解范围。

第三章 | 突变
突变

变换往复之物，要用持久的思想来维护。①

——歌德

"跳跃式"突变是自然选择的物质基础

前面为证明基因结构稳定性而提出的一般事实，对我们来说太熟悉了，以至于无法引起人们的注意，也难以令人信服。在这里，"凡事都有例外"这句话确实正确。如果孩子和父母之间的相似性没有例外，就不会有那些揭示了遗传机制的精彩试验，而且通过自然选择和适者生存来进化物种的宏伟的试验也会失效。

我以这最后一个议题作为起点，来介绍相关的事实，再次说明，我不是一个生物学家。

今天，我们清楚地知道，达尔文把最纯的种群中也一定会出现的微小的、连续的、偶然的变异当成了自然选择的材料，这是错误的。

因为事实已经证明，这些变异是不遗传的。这个事实很重要，这里简单说明一下。如果你取一把纯种大麦，逐一测量麦芒的长度，并将统计结果绘制成一张柱状图，如图7所示，其中具有一定长度麦芒的穗数与长度相对应。从图中可以看出：中等长

---

① 你将用持久的思想来固定那波动的表象。

度的穗数占多数，而其他长度的麦芒都会出现一定的频率偏差。现在挑出一组麦穗（图中涂黑部分），其麦芒长度明显高于平均水平，其数量足以在田里播种并长出新的作物。

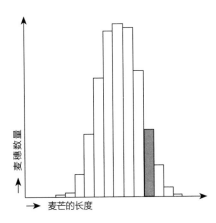

图7　纯种大麦的麦芒长度统计
黑色的部分将被挑选出来播种
（本图细节并非来自实际实验，只是为了说明）

　　对新长出的大麦进行同样的统计，达尔文希望发现相应的曲线向右偏移。换句话说，他以为通过选择后麦芒的平均长度会增加。但如果使用的是真正纯种的大麦品种，情况就不是这样。从选定作物中得到的新统计曲线与第一条曲线相同，如果选择芒长特别短的麦穗作为种子，情况也是如此。选择没有达到预期效果，因为微小的、连续的变异是不遗传的。显然这些变异不是以遗传物质的结构为基础的，它们是偶然的。但是大约40年前，荷兰人德·弗里斯发现，即使在完全纯种的后代中，也有极少数的个体（比如几万个中的两三个），出现了微小但"跳跃式"的变化。"跳跃式"并不是指变化非常大，而是指不连续以及在未改变和少数变化之间没有中间形式，德·弗里斯把这称为突变，重要的是其不连续性。这让物理学家想起了量子理论：在两个相邻的能级之间没有中间能量存在。他把德·弗里斯的突变理论，形象地称为生物学的量子理论。我们将在后面的内容中看到，这不仅仅是形象的说法，突变实际上是由于基因分子中的量子跃迁造成的。但是，当德·弗里斯在1902年首次发表他的发现时，量子理论仅问世两年，所以需要由下一代人去发现其中的密切联系！

突变性状可以通过繁殖遗传

突变体的性状与原始的、未改变的性状一样可以完全遗传。举个例子，前面所述的第一茬大麦中，有几个麦穗的麦芒长度可能大大超出了图7所示的变异范围，比如根本没有麦芒。他们可能代表了德·弗里斯所说的突变，然后繁殖出具有同样性状的后代，也就是说，他们的所有后代都会没有麦芒。

因此，突变肯定是遗传性的一种变化，必须由遗传性物质的某种变化来解释。事实上，大多数揭示遗传机制的重要繁育实验，都是根据事先计划，将突变（或在许多情况下，多重突变）个体与非突变个体或不同突变的个体杂交得到后代，再进行仔细分析。再者，经过其一代一代的繁殖，突变是达尔文所描述的自然选择的一种途径，自然选择正是通过"优胜劣汰，适者生存"来进化的物种。在达尔文的理论中，只需用"突变"代替"微小的偶然变异"（就像量子理论用"量子跃迁"代替"能量的连续转移"）即可。也就是说，如果我正确地解释了大多数生物学家的观点，那这些内容对达尔文其他方面的理论同样适用。[1]

定位：隐性与显性

现在，我们对关于突变的其他一些基本事实和概念，以略显教条的方式进行阐述，而不是直接说明它们是如何从实验数据中产生的。

我们期待，可观察到突变是由染色体中的一个明确区域的变化引起的，事实的确如此。重要的是，我们确切知道这只是一条染色体的变化，而不是同源染色体对应"位点"的变化，突变变化过程如图8所示，其中"✕"表示变异的"位点"。当突变个体（通常称为突变体）与非突变个体杂交时，只有一条染色体受到影响。因为后代中正好有一半表现出突变体的特征，另一半则表现正常，这就是突变体减数分裂时两条染色体分离的结果，如图9所

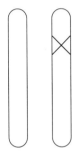

图8 杂合的突变体，"✕"表示突变的基因

示。这是一个"谱系"，用一对有关的染色体代表每个个体（连续三代）。需要注意，如果突变体的两条染色体都受到影响，那么所有的后代都会得到相同的（混合）遗传性，不同于父母任何一方。

然而，这个领域的实验并不像前面所说的那样简单。因第二个重要事实而变得复杂，即突变往往是潜在的，这意味着什么呢？

---

[1] 朝着有益或有利方向发生的明显变异倾向是否有助于（如果不是取代的话）自然选择，对于这个问题已经进行了充分的讨论，但有必要指出的是，"定向突变"的可能性在以下所有内容中都被忽略了。此外，我不能在这里讨论"切换基因"和"微效基因"的相互作用，不管它对选择和进化的实际机制有多重要。

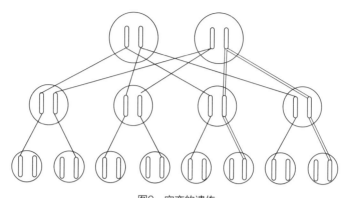

图9 突变的遗传
单直线表示染色体的传递，双线表示突变染色体的传递。第3代未说明的
染色体来自第2代的配偶。假设没有亲属关系且没有基因突变。

在突变体中，两份"遗传密码副本"不再相同：它们呈现出两种不同的"读法"或"版本"。

这里应该指出，将原始版本视为"正统"，把变异版本视为"异端"，是完全错误的，虽然这种说法看起来很有说服力。原则上，它们是平等的，因为正常的性状也是由变异产生的。

事实是，个体的性状总是遵循一个或另一个版本，这些版本可能是正常的，也可能是变异的。被遵循的版本被称为显性，另一个被称为隐性。换句话说，突变被分为显性或隐性，取决于它是否能有效改变遗传性状。

隐性突变甚至比显性突变更频繁，而且非常重要，尽管一开始它们没有表现出来。为了影响遗传性状，两条染色体必须同时出现隐性突变，如图10所示。当两个等同

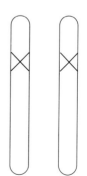

图10 纯合突变体
（1/4的后代要么从杂合突变体的自受精中获得，要么从两个杂合突变体的杂交中获得）

的隐性突变体杂交或一个突变体与自身杂交时，就会产生这样的个体；这在雌雄同株的植物中是存在的，甚至会自发发生，简单来说，大约1/4的后代将是这种类型，表现出明显的突变性状。

术语介绍

我在这里解释几个专业术语，对于我所说的"密码本的版本"，无论是原始版本还是突变版本，都采用了"等位基因"一词。如图8所示，当版本不同时，对于这个基因位点来说，该个体是杂合的。当版本相同时，如非突变个体或图10中的情况，则被称为纯合。因此，在纯合时，隐性等位基因才会影响到性状，而无论是纯合还是杂合的，显性等位基因都产生相同的性状。

一般来说，有色对于无色（或白色）来说是显性的。例如，只有当豌豆的两条染色体上都有"负责白色的隐性等位基因"时，它才会开白花，这时它是"白色纯合的基因"。但一个"红色等位基因"（另一个基因是白色的，个体是杂合的）会使它开红花，两个红色等位基因（纯合的）也会开红花。后两种情况的区别只会在后代中显现出来，因为杂合的红色会产生一些开白花的后代，而纯合的红色只会繁育出开红花的后代。

两个个体的外观可能很相似，但遗传性却不同，这一事实非常重要，因此需要进行严格区分。遗传学家说他们具有相同的表现型，但遗传型不同。于是，前面内容可以简要而专业地概括为：

隐性等位基因，只有在遗传型为纯合时才会影响表现型。

我们偶尔会使用这些专业表述，必要时会向读者说明其含义。

近亲繁殖的弊端

只要隐性突变是杂合的，自然选择就不会对它们起任何作用。如果它们是有害的（突变往往是有害的），也不会被消除，因为它们是潜在的。因此，大量的不利突变就会积累起来，而又不会直接造成损害。但它们会传给一半的后代，这对人类、家畜、家禽或我们关心其优良体质的任何其他物种都有重要的意义。如图9所示，假设一个雄性个体（具体些，比如说我自己）以杂合的形式携带一个隐性的有害突变，它不会表现出来。假如我妻子没有这种突变，那么我们的孩子（第二代）有一半的可能性也将以杂合的形式携带这种突变。如果他们都与非突变的伴侣婚配，我们的孙辈有1/4的可能性也将携带同样的突变。

除非携带同样突变的个体杂交，否则，危害就不会明显表现出来，稍作思考就能明白，他们的1/4的孩子，如果是纯合的，危害就会表现出来。除了自交（只可能发生在雌雄同体的植物中）之外，最有害的繁殖是我的儿子和女儿结婚。他们每一个人受到潜在的影响或不受影响的概率是相同的，这种结合中有1/4的后代是危险的，因为其中1/4的孩子将表现出缺陷。因此，近亲结婚的孩子的表现有害性状的可能性是1/16。

同样，对于我的两个（纯血缘）孙辈和孙女（他们为堂、表兄妹）之间结合的后代，表现有害性状的可能性为1/64。这些概率似乎并不是太大，甚至有时第二种情况是被容许的。但是，我们只分析了祖代夫妇中的一方（我和我的妻子）可能存在一种潜在缺陷的结果，很可能他们两个人都携带不止一个这样的潜在缺陷。如果你知道自己有一个明确的缺陷，那么你的8个表亲中就会有一个也有这个缺陷。对植物和动物的实验似乎表明，除了相对罕见的严重缺陷外，还有许多小的缺陷，它们的结合会使整个近亲繁殖的后代衰退恶化。由于我们不愿意以斯巴达人在泰格托斯山所采用的严酷方式来消灭战败者，我们就应该严肃地看待人类处理这些事情的措施，在那里，适者生存的自然选择几乎被人为消灭了，甚至是发生了逆转。如果说，在更原始的条件下，战争在为合适部落生存方面有积极作用，这也很难消除现代大规模屠杀对所有国家健康青年选择权的影响。

一般的和历史的评论

隐性等位基因在杂合时，完全被显性等位基因所掩盖，根本无法产生明显的影响，当然，这种情况也有例外。当纯合的白色金鱼草与同样纯合的深红色金鱼草杂交时，所有的直系后代都是中间色，即粉红色（而不是预期的深红色）。

两个等位基因同时显示其影响的重要例子是血型，但这里不作详细讨论。如果最终发现隐性是有不同程度之分的，并且依赖于我们检查"表现型"测试的灵敏度，也是可能的。

下面介绍一下遗传学早期历史，该理论的主要部分，即关于亲代不同特性在连续几代人中遗传的规律，特别是隐性和显性的区别，都归功于举世闻名的奥古斯丁修道院院长格雷戈尔·孟德尔。孟德尔对突变和染色体一无所知。他在布尔诺的修道院花园里对不同品种的豌豆进行了杂交实验，并观察它们的后代。可以说，他是用在自然界中发现的突变体进行了实验。早在1866年，他就在布尔诺自然研究者协会的会报中发表了试验结果。但似乎没有人对这位修道院院长的爱好特别感兴趣，当然也没有人想到他的发现会在20世纪成为一个全新科学分支的核心，会成为我们这个时代最有趣的学科。直到1900年，他那被遗忘的论文才被科伦斯、德·弗里斯和切尔马克分别在同一时间发现。

罕见的突变的必要性

到目前为止，我们把注意力都集中在有害突变上，因为有害突变可能更多，但必须指出，我们也确实遇到过有利的突变。如果自发突变是物种发展中的一小步，我们就会产生这样的印象：有些变化是冒着有害因而会被淘汰的风险进行"尝试"的。这引出了一个非常重要的问题，为了成为自然选择的合适材料，突变必须是罕见事件，如同实际情况一样。如果突变非常频繁，比如在同一个个体中有多个不同的突变，那么有相当大的机会，有害的突变会比有利的突变占优势，那么这个物种就不是通过选择得到改良，而会维持原状甚至灭亡。基因的持久性所产生的相对稳定性是至关重要的，我们可以在一个大型制造工厂的工作中找到类似现象。为了找到更好的方法，必须进行创新试验，即使是未被试验证实的创新，同时，为了确保这些创新的作用，必须在一个阶段内只采取一项措施，其他部分保持不变。

X 射线诱发的突变

现在，我们回顾一系列奇妙的遗传学研究工作，这是与我们的分析最为相关的内容。

通过X射线或γ射线照射亲代，可以使后代中的突变比例，即所谓的突变率，提高到自然突变率的几倍以上。以这种方式产生的突变与那些自发的突变没有任何区别（除了数量更多外），因此人们认为每一个自然突变也可以通过X射线诱导产生。在大量培育的果蝇中，许多特殊的突变反复出现，它们被定位在染色体上，如第二章所述，并被赋予了专门的名称。甚至还发现了所谓的"复等位基因"，也就是说，在染色体密码的同一位置，除了正常的非突变等位基因之外，还有两个及以上的不同"版本"和"读本"，这意味着在那个特定的"位点"上不仅有两种，甚至有三种或更多选择，其中任何两个在两条同源染色体的相应位点上同时出现时，彼此之间都有"显性-隐性"关系。

X射线产生突变的实验给人的印象是，每一个特定的突变，例如从正常个体到特定的突变体，或者从特定的突变体到正常个体，都有对应的"X射线系数"，这个系数表示在后代产生前，当对亲代照射单位剂量的X射线时，后代中产生特定突变的百分比。

第一定律：突变的单一性

决定诱导突变率的规律，既简单又有启发性，我在这里引用了1934年铁莫费耶夫在《生物学评论》第九卷的报告，这篇报告介绍了作者自己的许多工作。第一定律如下：

突变的增加与射线剂量严格成正比，所以，采用增加系数来表示这种比例是合理的。

我们已经习惯于简单的比例关系，以至于容易低估这一简单规律的深远意义。为了理解这点，我们可以设想，一种商品的总金额并不总是与它的单价成正比。例如，店主可能会因为你从他那里买了6个橘子而大为感动，所以当你决定下次买12个橘子时，他可能会以低于6个橘子两倍的价格卖给你。但在物资匮乏的时候，情况可能相反。就前面的例子而言，我们得出结论，虽然第一个半剂量的辐射导致了假设1/1000的个体发生了变异，但并没有影响到个体，无论是使他们发生突变，还是阻止他们突变。否则的话，第二个半剂量就不会正好引起1/1000的个体突变。因此，突变不是一种由连续的小部分辐射叠加而产生的累积效应，而是一条染色体在辐射期间发生的单一事件，那么，是什么样的事件呢？

第二定律：事件的区域性

第二定律可以回答前面的问题，如下：

如果维持供剂量不变，即使在大范围内改变射线的性质（波长），从软的X射线到相当硬的γ射线，突变系数也保持不变。

也就是说，只要在亲代接触射线的地点和时间内，测量到在恰当选择的标准物质中每单位体积产生的离子总数不变，突变系数也保持不变。

人们选择空气作为标准物质，不仅是因为方便，还因为有机组织是由与空气具有相同原子量的元素组成，通过将空气中的电离量乘以密度比，可以得到组织中的电离量或相关过程（激发）的下限[①]。研究证实，导致突变的单一事件只是发生在生殖细胞的某个"临界"体积内的电离作用（或类似过程），这是确定无疑的。这个临界体积的大小是多少？可以根据观察到的突变率进行估算：如果每立方厘米5万个离子的剂量，任何特定的配子（在

[①] 这是一个下限，因为这些其他过程无法使用电离测量方法，但可能对产生突变有效。

照射区内）发生突变的概率为1/1000，可以判定，那个"临界"体积，即必须被电离"击中"才能发生突变的"目标"，只有1/50000立方厘米的1/1000，也就是说，1/50000000立方厘米。

这些数字并不准确，只是为了说明问题而已。实际估算时，我们依据的是德尔布吕克的研究成果。这篇论文由德尔布吕克、季莫费耶夫和齐默尔合作发表[1]，这也是下面两章所阐述理论的主要来源。他得出体积仅为边长约为10个平均原子距离的立方体，因此只包含大约10^3（1000）个原子，当电离（或激发）发生在离染色体不超过"10个原子的距离"的某个特定位置时，极有可能产生突变。我们将在下文中更详细地讨论这个问题。

季莫费耶夫的报告提示我们，尽管它与我们目前的研究没有太大的关系，但在现代生活中，人类在很多情况下都遭受到X射线辐射，众所周知，这会直接导致如烧伤、X射线癌、绝育等，虽然现在可以通过铅屏、铅围裙等进行防护，特别是对那些必须定期处理射线的护士和医生。问题是，即使这些措施防御了辐射的直接危害，但仍然存在生殖细胞中发生有害突变的间接危险，这就是前面在谈到近亲繁殖的不利结果时所设想的那种。直白地说，可能有点浅显，表兄妹之间婚姻的危害性很可能会因为他们的祖母曾长期担任X射线护士而增加，这不仅是一个需要个人担心的问题，而且人类逐渐受到不必要潜在突变的影响这一问题，更应该受到全社会的关注。

①《格廷根科学协会生物学报道》第一卷，第189页，1935年。

第四章

量子力学

你的精神火焰默许了一个比喻，一个意象。

——歌德

经典物理学无法解释的持久性

借助于精密的X射线仪器（物理学家知道，该仪器在30年前揭示了晶体的内部晶格结构），生物学家和物理学家共同努力，成功降低了影响宏观特征的"基因大小"的数值上限，其数值远远低于在前面估算得到的值。

我们现在面临着一个严重的问题：从统计物理学角度看，基因结构似乎只涉及相对较少的原子（大约1000个，甚至可能更少），但却显示出近乎奇迹般的持久性的规律活动，我们该如何看待这个问题呢？

我把这种令人称奇的现象讲得更具体些，哈布斯堡王朝的几位成员有一种特殊的下唇畸形，维也纳帝国学院在王室资助下，对其遗传特征进行了详细研究，并出版了带有完整历史肖像画的报告。事实证明，这种唇形相对于正常的唇形，是真正的孟德尔式的等位基因。如果将16世纪的家族成员和19世纪的后代的画像进行比较，可以确信造成这种异常特征的物质基因结构在几个世纪中代代相传，并在为数不多的细胞分裂中被完整地复制下来。此外，这个基因结构的原子数目，很可能与用X射线测试的原子数目在一个数量级。在这段时间里，该基因的温度一直保持在98华氏度①左右。

几个世纪以来它一直没有受到热运动无序趋势的干扰，我们该如何理解呢？

在20世纪末，如果一个物理学家准备只用那些他能解释的、真正理解的自然规律，那么他就会对这个问题感到困惑。也许，根据实际统计情况，他会回答说（我们将看到，这是正确的），这些物质结构只能是分子。关于这些原子集合体的存在，以及其极高的稳定性，当时的化学知识已经有了解释，但这些知识纯粹是经验性的。人们对分子的性质并不了解，分子保持形状的原子间的强作用力并不为人所知。当然，这个答案后来被证明是正确的。但是，只将神秘的生物稳定性局限于同样神秘的化学稳定性，那么它的价值就很有限。只要原理本身是未知的，那么证明两个外观相似特征同源的证据就总是不可靠的。

量子理论可以解释基因的稳定性

关于这个问题，量子理论提供了解释。根据现有知识，遗传机制与量子理论密切相关，甚至是建立在量子理论的基础上。量子理论是由马克斯·普朗克在1900年发现的。现代遗传学可以追溯到德·弗里斯、科伦斯和切尔马克对孟德尔论文的重新发现（1900年）和德·弗里斯关于突变的论文（1903年）。因此，这两个伟大理论几乎是同时诞生的，难怪它们都需要成熟到一定程度才会产生关联。对于量子理论，花了超过1/4世纪的时间，直到

---

① 华氏度是非法定计量单位，1摄氏度=（1华氏度-32）/18。——译者注

1927年，海特勒和伦敦才对化学键的量子理论的一般原理进行了总结。海特勒-伦敦理论涉及量子理论（称为量子力学或波动力学）最新发展的微妙、复杂的概念，需要使用微积分相关知识进行介绍，或者至少需要另一本这样的小书。幸运的是，现在所有的工作都已经完成，有助于澄清我们混乱的思维，我们似乎可以更直接地指出"量子跃迁"和突变之间的联系，看清事实，这就是我们在这里试图做到的。

量子理论、离散状态、量子跃迁

量子理论的伟大发现是在《自然之书》中发现了不连续的特征，但根据当时的观点，除了不连续之外，其他任何观点似乎都是荒谬的。

这方面的第一个案例与能量相关。一个宏观物体的能量是连续变化的，例如一个摆动的钟摆，由于空气的阻力而逐渐变慢。奇怪的是，事实证明，一个原子尺度的系统是不同的。由于我们不能在此进行深入讨论，我们假设一个小系统因其自身性质只能拥有某些不连续的能量，称为其特有的能级。从一个状态跃迁到另一个状态是一个相当神秘的事件，这通常被称为量子跃迁。但能量并不是一个系统的唯一特征。再以钟摆为例，试想一个可以进行不同类型运动的钟摆，或一个用绳子吊在天花板上的重球。它可以沿南北、东西或任何其他方向摆动，或以圆或椭圆的形式摆动。用风箱轻轻地吹动这个球，就能使它从一种运动状态连续地转变到另一种运动状态。

对于微观系统的这些或类似不连续的特征，就像能量一样是"量化"的，这里不作详述。

其结果是，一些原子核，包括围绕在它们周围的电子，当它们彼此接近形成一个系统时，由于它们自身性质是无法采用可能的任意构型的，只能从大量但不连续的系列"状态"中选择。①我们通常称它们为级或能级，因为能量是与该特性非常相关的部分。需要明确的是，完整描述不仅包括能量，把一个状态看成是所有微粒的一个明确的构型，这种看法实际上是正确的。

从一个构型转变到另一个构型就是量子跃迁。如果第二个构型具有更大的能量（更高的能级），系统需要从外部获得至少两个能级的补充才能进行转变。它也可以自发地转变到一个较低的能级，通过辐射将多余的能量消耗掉。

分子

在给定选择的一系列不连续的原子状态中，或许存在但不一定有一个最低能级，这意味着原子核之间相互靠近，处于这种状态的原子就形成了一个分子。需要强调的是，分子必然具有一定的稳定性；构型不能改变，除非从外部提供必要的能量差，将其"提升"到更高的能级。因此，这种定量的能级差，从数量上决定了分子的稳定程度。我们会看到，这一事实与量子理论的基础（即能级的不连续性）有紧密的联系。

当然，这些观点已经得到了化学事实的验证，它在解释化价的基本事实和关于分子结构、分子的结合能、分子在不同温度下的稳定性等方面都是成功的。我说的是海特勒–伦敦理论，正如我所说的，在这里不作详细讨论。

---

① 我采用的是通俗的说法，对我们来说已经足够了。真实的情况要复杂得多，因为它还包含了系统所处状态的偶尔不确定性。

分子的稳定性取决于温度

我们研究生物问题最关注的是一个分子在不同温度下的稳定性。假设原子系统实际上处于最低能量的状态，物理学家将其称为处于绝对零度的分子。要将其提升到下一个更高的状态或能级，需要额外提供一定的能量。提供能量的最简单方法是"加热"分子，把它带到一个温度较高的环境中（热浴），从而允许其他系统（原子、分子）对它产生冲击。因为热运动的整体不规则性，所以没有一个明确的温度界限使"泵浦"实现。相反，在任何温度下（绝对零度除外），都有较小或较大的机会实现"泵浦"，当然机会是随着热浴温度而增加的，表达这种机会的最佳方式是指出等到"泵浦"状态发生的平均时间，即"期待时间"。

根据波兰尼和维格纳的一项研究[1]，"期待时间"在很大程度上取决于两种能量的比率，一个是实现"泵浦"所需的能量差本身（把它写成 W），另一个是描述有关温度下热运动的强度（把 T 写成绝对温度，kT 写成特征能量）[2]。有理由认为，"泵浦"本身与平均热能比值越高，即 W/kT 的值越大，实现"泵浦"的机会就越小，即"期待时间"就越长。令人惊讶的是，即便 W/kT 的较小的变化也会极大地影响"期待时间"。举个例子（按照德尔布吕克的说法），如果 W 是 kT 的30倍，预期时间可能短至1/10秒，当 W 为 kT 的50倍时，期待时间将长达16个月，而当 W 为 kT 的60倍时，期待时间将达30000年！

---

[1] Zeitschriftfür物理，化学（A），哈伯带（1928），p.439。
[2] k 是一个已知的常数，称为玻尔兹曼常数；$3/2kT$ 是指在温度 T 时气体原子的平均动能。

数学插曲

我们不妨用数学语言来解释这种对能级变化或温度变化敏感的原因，并补充一些对应的物理说明。因为"期待时间"t与比率W/kT为指数函数的关系：

$$t = \tau \times e^{W/kT}$$

τ是某个10^{-13}或10^{-14}秒的常数，这个特殊指数函数是一个内部特征参数，它在热统计理论中反复出现，是主要因素。它是衡量像W这么大的能量偶然聚集在系统某些特定部分的不可能性概率。当W是"平均能量"kT的相当大倍数时，这种不可能性才会急剧地增加。

实际上，$W=30kT$（见上面例子）已经非常罕见了，之所以没有造成更长的期待时间（在我们的例子中只有1/10秒），当然是由于系数τ较小。这个系数τ与系统固有振动周期的高低有关。可以粗略描述为：尽管积累所需数量W的机会非常小，但在"每次振动"中反复出现，也就是说，在每秒钟内大约有10^{13}或10^{14}次振动。

第一项修正

在考虑这些分子稳定性理论的因素时，已经默认了我们称之为"泵浦"的"量子跃迁"，即使不会导致完全解体，至少也会使相同原子产生本质上的不同构型，即化学家所说的同分异构分子，也就是由相同原子以不同排列方式组成的分子（在生物学的应用中，它代表同一"位点"中的不同"等位基因"，量子跃迁则代表突变）。

为了使这一解释合理，必须进行两项修正，下面作简要说明。据前面所述，人们可能会认为，只有在最低能级状态下原子组才会形成我们所说的分子，而较高能级状态已经是"其他东西"了。事实并非如此。实际上，在最低能级之后还有一系列的能级，这些能级并不涉及整个构型的任何明显变化，而只对应于上面提到的原子间的那些微小振动。它们也是"量化"的，但从一个能级跳到下一个能级的步子相对较小。因此，在相当低的温度下，"热浴"中粒子的影响可能足以形成振动。如果分子是一个广延的结构，这些振动就如同高频声波，穿过分子而不对它造成任何伤害。

因此，第一项修正比较简单：我们可以忽略能级的"振动的精细结构"，"下一个较高能级"是指相关构型变化的下一个能级。

第二项修正

第二项修正解释起来比较困难，因为它涉及包含不同能级图式的某些重要而复杂的特征。除了所需的能量供应外，其中两个能级之间的自由通道可能被阻塞，甚至包括从较高的能级状态变为较低能级的状态受到的阻塞。

让我们从已知的事实开始，化学家都知道，同一组原子可以多种方式结合形成一个分子，这样的分子被称为同分异构体。同分异构体不是例外，而是一种规则，分子越大，同分异构体就越多。图11显示了一种最简单的情况，即两种丙醇，都由3个碳（C）、8个氢（H）、1个氧（O）组成。氧原子可以插在任何氢和碳原子之间，但只有图11中所示的两种情况是不同的物质。

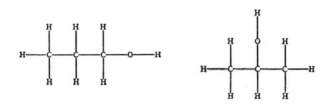

图11 丙醇的两个同分异构体①

事实上，它们所有的物理和化学常数都明显不同。而且它们的能量也不同，代表着"不同的能级"。

但是，这两种分子都非常稳定，仿佛处于"最低状态"，没有一种状态向另一种状态自发跃迁的趋势。

原因是这两个构型不是相邻的构型。从一个构型到另一个构型的跃迁，只能在中间构型上进行，而中间构型的能量比其中任何一个都大。直白地说，必须把氧原子从一个位置抽取出来，然后插到另一个位置，如果不通过能量高得多的构型，似乎就没有办法实现跃迁。如图12所示，其中1和2代表两种同分异构体，3是它们之间的"阈值"，两个箭头表示"提升"，即产生从状态1到状态2或从状态2到状态1的跃迁所需的能量。

现在给出"第二项修正"，即这种"同分异构体"的跃迁是我们在生物应用中唯一感兴趣的变化，前面解释"稳定性"时，考虑到的就是这些跃迁。这里的"量子跃迁"是从一个相对稳定的分子构型跃迁到另一个分子构型，跃迁所需的能量供应（用 W 表示的数量）不是实际的能级差，而是从初始能级上升到阈值的能级差（图12中的箭头）。

我们并不关注初始状态和最终状态之间没有阈值的跃迁，不

---

① 讲座上展示的模型，分别用黑、白、红木球代表 C、H、O。这里没有复制模型，因为它与实际分子的相似度并不比图11大多少。

仅仅是在生物应用中。其实这种跃迁对分子的化学稳定性毫无作用。为什么呢？因为它们没有持久的影响，不足以引起人们的关注。当它们发生跃迁时，几乎立即就恢复到了最初状态，因为没有什么能阻止它们的恢复。

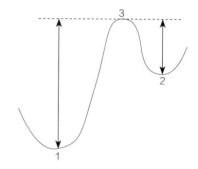

图12　同分异构体能级（1）和（2）之间的能量阈值（3），箭头表示跃迁所需的最小能量

第五章 | 对德尔布吕克模型的讨论和检验

> 诚然，正如光显示自己和黑暗一样，真理是自己
> 和谬误的标准。
>
> ——斯宾诺莎，《伦理学》，第二部分，命题 43

遗传物质的一般描述

这些事实可以回答我们的问题，即这些由相对较少原子组成的结构，是否能够长期经受住遗传物质不断受到的热运动的干扰？假设基因结构是一个巨大的分子，只能够发生不连续的变化，比如原子的重新排列，产生一个同分异构分子。这种重排可能只影响基因的一小部分①，也可能有大量不同的重排。将实际构型从任何可能的同分异构体分开的能量阈值，必须足够高（与原子的平均热能相比），才能使这种转变成为"自发突变"的罕见情况。

本章的后半部分将通过与遗传学事实的详细比较，对基因和突变的一般描述（归功于德国物理学家德尔布吕克）进行检验。这里我们可以先了解该理论的基础和一般性质。

---

① 为了方便起见，我仍然称它为同分异构体的转变，尽管排除与环境发生任何交换的可能性是荒谬的。

描述的独特性

对于生物学问题来说，深究遗传物质根源并建立在量子力学的基础上，有绝对必要吗？我敢说，基因是一个分子的说法，在今天已是司空见惯了。无论是否熟悉量子理论，都很少有生物学家会反对。前面通过物理学家把它提出来，作为对观察到的持久性的唯一合理解释，随后是有关同分异构、阈值能量、W/kT 在同分异构转变的概率方面的决定作用等，所有这些都可以很好地利用经验来介绍，而不需要借助于量子理论。既然在这本小书中我无法讲清楚量子力学，还可能使许多读者感到厌烦，那我为什么还要如此强烈地坚持呢？

量子力学是根据第一原理，来解释自然界中实际碰到的各种原子集合体的第一种理论。海特勒–伦敦固化力结合是该理论的一个独有的特征，但并不是为了解释化学键而发明的。它是以一种非常有趣又令人困惑的方式自己出现的，我们是被迫接受的。事实证明，它与观察到的化学事实完全吻合，而且正如我所说的，它是一个独有的特征，根据我们对它的理解，在量子理论的进一步发展中，"这样的事情不可能再次发生了"。

因此，可以断言，除了对遗传物质的分子解释外，没有其他可能的解释了。物理学没有其他可能性来解释它的持久性，如果德尔布吕克的描述不够准确，我们只能放弃进一步的尝试。这是我想说的第一点。

一些传统的错误观念

但有人可能会问：难道除了分子之外，真的没有其他由原子组成可持久的结构吗？例如在坟墓里埋了几千年的金币，不就保留了印在上面的肖像特征吗？的确，金币是由大量原子组成的，但在这个例子中，我们肯定不会把形状的保存仅仅归功于大量的统计数字。同样的说法也适用于嵌在岩石中的经过了多个地质时代都没有变化的纯净晶体。

由此我想阐明第二点，分子、固体和晶体的情况其实并无不同。根据目前的认知，它们实际上是一样的。遗憾的是，学校教学仍保持着某些过时多年的传统观点，而掩盖了对真实情况的认识。

事实上，我们在学校学到的关于分子的知识并没有涉及与液态或气态相比，分子与固态的关系更密切。相反，我们被告知要仔细区分融化或蒸发这样的物理变化和酒精燃烧这样的化学变化，在融化或蒸发中，分子被保留下来（如酒精，无论是固体、液体或气体，都由C_2H_6O组成），而在酒精燃烧中，1个酒精分子和3个氧分子经过重新排列，形成2个二氧化碳分子和3个水分子：

$$C_2H_6O+3O_2=2CO_2+3H_2O$$

关于晶体，我们知道，它们形成了3倍的周期性晶格，其中单分子的结构有时是可以识别的，如酒精和大多数有机化合物，而在其他晶体中，如氯化钠（NaCl），氯化钠分子则无法明确区分，因为每个钠原子都被6个氯原子对称地包围，反之亦然，因此，把哪一对氯化钠原子看作氯化钠分子是任意的。

最后，我们知道，一个固体既可以是晶体，也可以不是晶体，后者称为无定形固体。

物质的不同"态"

现在，我们还没有确认这些说法和区别都是错误的，出于实际目的需要，它们有时是有用的。但在物质结构方面，必须进一步划定界限，区别如下面两个"等式"：

分子=固体=晶体

气体=液体=无定形

我们简单地解释下这些说法，所谓的无定形固体要么不是真正的无定形，要么不是真正的固体。在"无定形"的木炭纤维中，石墨晶体的基本结构已经通过X射线确定。因此，木炭是一种固体，也是一种晶体。如果发现没有晶体结构，则将其视为具有高"黏性"（内部摩擦）的液体。这种物质没有确定的熔化温度和熔化潜热，说明它不是真正的固体。加热时它逐渐变软，最终不断地软化（我记得第一次世界大战结束时，在维也纳得到了一种类似沥青的物质，作为咖啡的替代品。它非常坚硬，人们不得不用凿子或斧子将其打成碎片，这时它将显示出光滑的、像贝壳一样的裂缝。但过一段时间，它就会像液体一样，紧紧地黏在容器底部）。

气态和液态的连续性是众所周知的，可以通过"围绕"所谓的临界点来液化任何气体而不会出现不连续性，这里不作详细讨论。

真正重要的区别

除了试图把分子看作是固体或晶体外，我们已经说明了上述图式中的其他内容。

其原因是，把原子（无论数量多少）结合起来构成分子的力与大量原子构成真正的固体或晶体的力性质完全相同。分子呈现出与晶体一样的结构稳固性。注意，我们就是用这种稳固性概念来解释基因的永久性的！

　　物质结构中的重要区别在于原子是否被那些起"稳固作用"的海特勒–伦敦固化力结合在一起，原子在固体和分子中都是这样结合的。在单一原子的气体中（如汞蒸气）则不是这样。在由分子组成的气体中，只有每个分子中的原子是以这种方式结合的。

非周期性固体

　　一个小分子可以被称为"固体的胚芽"。从这样一个小的固体胚芽开始，似乎有两种不同的方式来建立越来越大的集合体。一种是在三个方向上重复相同的结构，这就是晶体生长所遵循的方式，比较枯燥。周期性一旦建立起来，集合体的大小就没有明确的限制。另一种方式是不需要重复就可以建立越来越大的集合体，复杂有机分子的情况就是这样，其中每个原子和原子组都各自起作用，并不完全等同于其他许多原子的作用（如周期性结构的情况），我们可以恰当地称其为非周期性晶体或固体。因此可以这样表述我们的假说：我们认为一个基因或整个染色体是一个非周期性固体[①]。

微型密码中的丰富内容

　　人们常问，受精卵的细胞核这一微小物质，如何能包含涉及生物体所有未来发育信息的精细代码呢？一个有秩序的原子集合体，能够抵御干扰而永久保持其秩序，似乎是唯一可想象的物质结构，它提供了各种可能的（同分异构）排列，足以在一

---

① 它的高柔韧性是没有异议的，细铜线就是如此。

个小空间内体现复杂的"决定"系统。事实上，这种结构中的原子数量并不多，却可以产生几乎无限多的排列形式。为了说明这一点，以摩尔斯密码（又译为摩斯密码）为例：点（"·"）和短横线（"—"）这两个符号在数量不超过4个的分组中，就可以产生30种不同的密码。现在，如果使用除了点和短横线的第3个符号，每组使用的符号不超过10个，则可以得到88572个不同的"代码"；如果有5种符号和每组有25个符号，则可以产生372529029846191405个"代码"。

可能有人会反驳，这个比喻是不恰当的，因为摩尔斯符号可以有不同的组合（例如·——和··—），因此并不适合同分异构体的类比。为了弥补这一漏洞，我们从第3个例子中只挑选出25个符号的组合，且只挑选出包含5种符号各有5个（5个点、5个短横线等）的组合。估算一下，组合的数量为62330000000000个。

当然，实际情况中，原子组的"每一种"排列并不是都代表一种可能的分子。而且，代码也不可以随意采用，因为代码本身决定着发育。再者，例中选择的数字（25个）仍然很小，而且我们只考虑了在一条直线上的简单排列。我想说的是，有了基因的分子图谱，微型密码应该与高度复杂的某个发育信息精确对应，并包含着实施的方式，这已不再是无法想象的了。

实验：基因的稳定性，突变的不连续性

现在，让我们对理论描述与生物学事实进行比较。第一个问题是，理论描述是否能解释我们观察到的高度持久性。平均热能kT的n倍作为阈值是否合理，是否符合普通化学的原理？这个问题很简单，回答是肯定的。化学家在某一温度下能够分离出的

任何物质的分子，会在该温度下持续生存几分钟（这是保守的说法，一般来说，实际寿命要长得多）。因此，化学家遇到的阈值，自然是生物学家可能遇到的持久性所需的数量级。我们在前面说过，在大约1～2倍范围内变化的阈值，能够说明从几分之一秒到几万年的寿命。

下面提供相关数字供参考，前面提到的 W/kT，即：

$$\frac{W}{kT} = 30,50,60$$

对应的寿命为：1/10秒、16个月、30000年。

在室温下对应的阈值分别为：0.9、1.5、1.8电子伏特。

这里的电子伏特单位，对物理学家来说相当方便，因为它可以被形象化。例如第3个数字（1.8）意味着一个电子，在大约2伏的电压加速下可以获得足够的能量，通过碰撞实现跃迁（作为比较，一个普通的袖珍手电筒的电池电压是3伏）。

因此可以设想，在分子的某些部分，由振动能量偶然涨落产生的分子构型的同分异构变化，可能是一个极为罕见的事件，可以解释为一次自发突变。所以，根据量子力学原理，我们可以解释关于突变的事实，这首先被德·弗里斯所关注，即突变是"跳跃式"变异，没有其他中间形式。

自然选择基因的稳定性

当发现任何种类的电离射线都会增加自然突变率之后，人们会将自然突变归因于土壤和空气的放射性以及宇宙辐射。但与X射线结果作定量比较后发现，自然辐射的作用太弱了，只能占自然突变率的很小一部分。

尽管我们必须通过热运动的偶然涨落来解释罕见的自然突变，但是自然界已成功地对阈值作出了微妙选择，使突变显得罕见。大家知道，频繁的突变对进化是有害的。通过突变引起不稳定的基因构型的个体，他们"极端激进"、快速突变的后代很难长期生存下去。物种进化会抛弃这些个体，并通过自然选择收集稳定的基因。

突变体的稳定性有时较差

对于在繁育实验中出现的突变体，以被选出来研究其后代的突变体，我们不能期望它们都能表现出非常高的稳定性。因为它们还没有经过"考验"，或者被考验过了但因为突变率太高而被自然繁殖"抛弃"。无论如何，当得知有些突变体确实比正常"野生"基因的突变率高得多时，我们一点也不会感到震惊。

温度对不稳定基因的影响

测试突变律的公式如下：

$$t = \tau e^{W/kT}$$

t是具有阈值能量W的突变的期待时间。如何解释t随温度变化的规律呢？根据前面的公式可以得出：温度为$T+10$时的t值与温度为T时的t值的比值为：

$$\frac{{}^t T + 10}{{}^t T} = e^{-10W/kT^2}$$

指数为负，比值自然小于1。通过提高温度缩短期待时间，增加突变率，已经在用果蝇耐受温度范围内进行了检验，结果令人惊讶。野生基因的低突变率明显增加，一些已经突变的基因的较高突变率却没有增加，或增加得很少。这正是我们比较两个公式时期待的结果。根据第一个公式，要使t变大（稳定的基因），就需要一个大的W/kT，而根据第二个公式，W/kT值增加会使比值变小，也就是说，突变率会随着温度的升高而大大增加（比值大约在1/2到1/5）。分母的数值为2~5，就是普通化学反应中的范特霍夫系数。

X 射线如何诱发突变

现在考虑X射线诱导的突变率，根据繁育实验可以推出，首先（根据突变率和剂量的比例关系），某个单一事件引起了突变；其次（根据定量结果和突变率由综合电离密度决定且与波长无关的事实），这个单一事件必须是电离作用或类似过程，它必须发生在约10个原子间距的体积内，才可能产生特定突变。根据前面的描述，克服阈值的能量必须由电离或激发这样类似爆炸的过程来提供，称为爆炸式过程。因为在一次电离中消耗的能量（顺便说一下，不是由X射线本身消耗的，而是由它产生的二级电子消耗的能量）有30电子伏特，众所周知，这个数量是相当大的。它必然会在放电点周围造成大量热运动，并以"热波"的形式扩散开来，这是一种原子的强烈振动波。这种热波仍然能够在大约10个原子距离的平均"作用范围"内提供所需的1或2个电子伏特的阈值能量，这是可想象的，尽管一个物理学家很可能已经预见到在一个略小的范围。许多情况下，爆炸的效应不是有序的异构跃迁，而是染色体的损伤，如果通过巧妙的杂交，未受损伤的那条染色体（第二组的相应染色体）被移除，并被已知其相应基因是病态的一条染色体所取代时，这种损伤就变得致命了。这是可以预期的，也是我们所观察到的情况。

X 射线的效率与自发突变率无关

其他一些特征即使不能从前面的描述中预测到，也是可以理解的。例如，一个不稳定突变体的X射线突变率，一般不会比一个稳定的突变体高太多。例如，提供30电子伏特能量的爆炸并没有很大区别，无论所需的阈值能量是多一点还是少一点，如1伏或1.3伏。

可逆突变

有时，需要对一个跃迁进行双向研究，例如从某个"野生"基因变到一个特定的突变体，再从该突变体变回野生基因。这种情况下，自然突变率有时几乎相同，有时却极不相同。乍一看会让人感到困惑，因为这两种情况下需要克服的阈值似乎是一样的。但实际上并不是，因为它必须从初始构型的能级来测量，而野生基因和突变基因的这一能级可能是不同的（如图12，可以认为"1"是指野生等位基因，"2"是指突变基因，其较低的稳定性由较短的箭头表示）。

总的来说，德尔布吕克"模型"是符合实际的，我们会在进一步的研究中使用它。

第六章

有序、无序和熵

> 身体不能决定意识，意识也不能决定身体的运动、休息或其他。
>
> ——斯宾诺莎，《伦理学》，第三部分，命题

从模型中得出的精彩结论

在第五章中，我试图解释，基因的分子图谱使人可以想象，微型密码应该与高度复杂的某个发育信息相对应，并且包含着实施的方式。那么，它是如何做到这一点的呢？我们如何将"可设想"转变成可理解呢？

德尔布吕克的分子模型，似乎没有暗示遗传物质是如何起作用的。事实上，人们并不期望在不久的将来能从物理学中得到关于这个问题的详细信息。在生理学和遗传学的指导下，生物化学取得了某些进展，而且我相信会持续下去。

虽然无法从上文中得到关于遗传机制的运作的详细信息，但可以得到一个一般性的结论，这正是我写这本书的唯一动机。

从德尔布吕克对遗传物质的描述中可以看出，生命物质虽然遵循确立的"物理学定律"，但很可能涉及未知的"其他物理学定律"，一旦这些定律被揭示出来，就会像以前的定律一样，成为这门科学的重要组成部分。

基于"序"的序

这是一个相当微妙的思路，很容易被误解，本章后面部分将详细阐述这一点，下面我将试图得出一个大概但不完全错误的初步见解。

第一章已经说明，我们所知道的物理学定律都是统计学定律。它们与事物进入无序状态的自然趋势有很大关系。

但是，为了使遗传物质的持久性与其微小尺寸协调一致，必须"发明分子"来抵消无序的倾向。事实上，一个大分子必须是一个高度分化的、有序的结构，遵循量子理论。机会法则并没有因为这个"发明"而失效，只是修改了结果。物理学家都知道：经典的物理学定律被量子理论修正，特别是在低温条件下。这样的例子有许多，生命就是一个特别引人注目的例子。生命似乎是物质的、有序的且有规律性的行为，并不完全是基于从有序到无序的趋势，而是部分保持现有秩序。

对物理学家来说，也只是对他们来说，我希望这样阐述我的观点：生命有机体本身是一个宏观系统，它的部分行为接近于纯机械（与热力学相反）行为，温度接近绝对零度时，分子无序被消除，所有系统都倾向于这种行为。

非物理学家很难相信，被他视为理所当然精确性的普通物理学定律，是建立在物质进入无序状态的统计学规律的基础上的。我在第一章中列举了一般原理的例子，如著名的热力学第二定律（熵原理）及同样著名的统计学基础。后面将讲解熵原理对生物体宏观行为的影响，暂且不考虑有关染色体、遗传等信息。

生命如何避免衰败

生命的典型特征是什么？物质什么时候可以说是有生命的呢？答案就是当它继续"做事"、运动并与环境交换物质的时候，可以比无生命物质在类似情况下"继续下去"的时间长得多。当一个没有生命的系统被隔离或置于一个统一的环境中时，受各种摩擦影响，所有运动通常很快停止。物质的电势或化学势的差异消失了，会逐渐形成化合物，温度通过热传导变得一致。此后，整个系统逐渐衰退成为一个死的、惰性的物质，达到一个永久不变的状态，没有可观察的事件发生。物理学家把这种状态称为热力学平衡状态，或"最大熵"。

实际上，这种状态通常会很快达到。从理论上讲，它还不是一个绝对的平衡，还不是真正的最大熵。但最后趋于平衡的过程是非常缓慢的，可能是几个小时、几年、几个世纪……举一个很快接近平衡过程的例子：将一个装满清水的玻璃杯和一个装满糖水的玻璃杯一起放在一个密封的箱子里，在恒定的温度下，起初似乎什么都没有发生，并且产生了完全平衡的印象。但过了一天左右，由于清水的蒸汽压较高，它慢慢蒸发并在糖溶液上凝结，糖溶液会溢出来，只有在清水完全蒸发后，糖溶液才达到在液态水中的均匀分布。

这些最终缓慢趋于平衡的过程，永远不会被误认为是生命体，这里可以不予考虑，我提到它们是为了让上述内容更加缜密。

生物体的"负熵"特性

正是由于避免了迅速衰减到"平衡"的惰性状态，有机体才显得如此神秘，以至于从早期开始，人们就认为某些特殊的非物理或超自然力量在有机体中起作用，甚至现在依然存在这种观念。

生物体如何避免衰退？答案显然是：通过吃、喝、呼吸和同化（植物的），同化的专业术语是"新陈代谢"，这个词源自希腊，意为"变化"或"交换"。交换什么？最初的基本概念是物质的交换。例如，新陈代谢的德文是Stoffwechsel。认为物质交换应该最重要，这种观念是荒谬的。任何氮、氧、硫等原子都和同类其他原子一样，交换它们的目的是什么呢？曾经有人说，我们以能量为主。在一些发达国家（我不记得是德国还是美国，或者两者都有），餐馆里的菜单上除了价格之外，还标明了每道菜所含的能量。毋庸置疑，这也是很荒谬的。对于一个成年有机体来说，它的能量含量和物质含量一样是固定的。既然卡路里都一样，那单纯的交换有什么意义呢？

那么，食物中有什么物质使我们免于死亡呢？这很容易回答，每一个过程、事件，总之，自然界中发生的每一件事，都意味着正在发生的部分的熵增加。因此，一个生物体不断地增加自身的熵，或者说，产生正熵，从而趋向于接近最大熵的危险状态，也就是死亡。有机体只能通过不断地从环境中汲取负熵来远离死亡，即活着。所以负熵是非常积极的东西，我们将看到，一个有机体赖以生存的就是负熵。或者不那么自相矛盾的是，新陈代谢最重要的作用是使有机体成功地从它活着时产生的所有熵中解放出来。

熵是什么？

熵是什么？首先我要强调，它不是一个模糊的概念或想法，而是一个可测量的物理量，就像一根棒子的长度、身体任何一点的温度、某种晶体的熔化热或特定物质的比热。在温度的绝对零点（约–273摄氏度），任何物质的熵都是零。当通过缓慢而可逆的微小步骤使物质进入其他状态时（即使物质因而改变了物理或化学性质，或分裂成两个或多个不同物理或化学性质的部分），熵的增加量为该过程中提供的每一小部分热量，除以它提供热量时的绝对温度，然后将所有这些小数值相加。举个例子，当熔化一个固体时，熵增加的量是熔化热除以熔点的温度。因此，熵的测量单位是卡路里每开尔文①（就像热的单位是卡路里，长度的单位是厘米一样）。

熵的统计学意义

我提到熵这个术语，只是为了揭开其神秘的面纱。对我们来说更重要的是熵对有序和无序的统计概念的影响，玻尔兹曼和吉布斯在统计物理学的研究中揭示了他们的关系，这是一种精确的定量关系，表达式为：

$$熵 = k \ln D$$

其中k是玻尔兹曼常数（$=1.3807 \times 10^{-23}$焦/开尔文），D是对有关物体原子无序性的定量测量。用简短非专业术语来解释D这个量几乎是不可能的。它表示的无序，部分是热运动的无序，部分是由不同种类的原子或分子随机混合而不是清楚分开的不同种类的原子或分子。例如前面说的糖分子和水分子。玻尔兹曼方程在这个例子中得到了很好的说明，糖逐渐扩散到所有水中，增加

---

① 熵的法定计量单位为焦每开尔文。——译者注

了无序性，从而增加了熵（因为D的对数随D增加而增加）。同样清楚的是，任何热量的输入都会增加热运动的混乱无序，也就是说增加了D，从而增加了熵。特别清楚的是，当熔化一个晶体时，就破坏了原子或分子的持久而整齐的排列，并把晶格变成连续的随机分布。

一个孤立的系统或一个均匀环境中的系统（为了说明，我们把环境作为我们系统的一部分）的熵，是逐渐增加的，且或快或慢地接近于最大熵的惰性状态。现在，我们认识到这一物理学的基本规律只是事物接近混沌状态的自然趋势，除非人为将它消除掉（与图书馆的书籍或写字台上成堆的文件和手稿所表现的倾向相同，在这种情况下，与不规则热运动类似的是我们不断地处理这些物体，却并没有把它们放回适当的位置）。

生物体从环境中汲取"序"来维持组织

如何用统计学理论来表达生命有机体推迟进入热力学平衡状态的衰退（死亡）的奇妙能力呢？我们前面说过："以负熵为生"，有机体自己吸收负熵，以补偿因生活而产生的熵增，从而维持在一个稳定的低熵值水平上。

如果D是无序的衡量，则倒数$1/D$可以被看作是有序的衡量。由于$1/D$的对数正好是D的对数的负数，所以玻尔兹曼方程可以写成：

$$-（熵）= k\ln（1/D）$$

式中，$k=1.3807 \times 10^{-23}$焦/开尔文。因此，负熵可以更好的表述为：带负号的熵，是对秩序的衡量。因此，一个有机体将自己保持在较高的有序水平（等于低熵水平）的策略，实际上就是不断地从环境中吸取有序（能量）。这个结论乍看起来比较有理，却因琐碎平凡而备受指责。事实上，我们很清楚高等动物所依赖的秩序，即复杂有机化合物中极其有序的物质状态，这些物质作为食物为它们提供负熵。在利用这些食物后以降解的形式返回，但不是完全降解，因为植物仍然可以利用它（当然，阳光为这些植物提供了最大的负熵）。

关于第六章的说明

关于负熵的说法遭到了物理学家们的质疑。首先，如果我要迎合他们，就会转而讨论自由能了，那是大家熟悉的概念。但这个专业术语，在语言上似乎太接近于能量的概念，普通读者无法对两者之间的区别有深刻的认识。他很可能把"自由"看作一种修饰，而实际上这是一个相当复杂的概念，它与玻尔兹曼的有序–无序原理的关系，远不如"熵"和"带负号的熵"容易理解，顺便说一下，这不是我的发明，它恰恰是玻尔兹曼原始论证的依据。

但是，西蒙中肯地向我指出，我的简单热力学思考并不能说明，因为它无法解释为什么我们以"处于复杂的有机化合物有序状态"的物质为食，而不是以木炭或岩浆为食。他是对的。但对于普通读者，我必须解释，一块未燃烧的煤或岩石，连同其燃烧所需的氧气，也处于物理学家所理解的极其有序的状态。可以这样理解：煤的燃烧会产生大量的热量，并散发到周围环境中，该系统解决了燃烧反应引起的熵增加，并达到了与以前大致相同的熵的状态。

然而，我们无法以反应产生的二氧化碳为食。因此，西蒙正确地指出，我们食物的能量确实很重要，所以我对菜单上标明能量的嘲笑是不妥的。我们不仅需要能量来替代身体消耗的机械能，还需要不断补充向环境释放的热量，我们放出热量不是偶然的，而是必不可少的。我们正是以这种方式处理了我们身体生命过程中不断产生的剩余熵。

这似乎表明，恒温动物的较高体温有利于快速减少熵值，从而具有更强烈的生命过程。我不确定这个论点是否准确（对这个观点负责的应该是我，而不是西蒙的责任）。人们可能会反对这种说法，因为许多恒温动物通过毛皮或羽毛来阻止热量的快速流失。因此，我认为体温和生命强度之间的平行关系，可能由范特霍夫定律来解释更为恰当，该定律在前面提到过：

较高体温本身加速了生命活动所涉及的化学反应（这一点已在实验中得到证实，即以周围环境温度为体温的物种）。

第七章　生命是否基于物理定律

> 如果一个人从没有自相矛盾，那是因为他没有说过什么。

> ——乌纳穆诺（引自谈话）

有机体内蕴藏的新定律

我在最后一章想说明的是，从我们学到的关于生命物质结构的所有知识来看，我们定会发现它是以一种不能归结为普通物理学定律的方式运作。

这并不是因为有新的力或其他东西在支配生命体内单个原子的行为，而是因为这种结构与我们在物理实验室中检验过的任何东西都不同。简单地说，一个只熟悉热机的工程师在检查了电动机的结构后，会发现他仍然不了解电动机的工作原理。他发现水壶中熟悉的铜在这里成了电线线圈，杠杆和蒸汽缸中熟悉的铁在这里被填充到铜线线圈的内部。他确信这是同样的铜和铁，遵循同样的自然定律，他的看法是正确的。结构上的差异足以产生一种完全不同的运作方式。他不会怀疑电动机是由幽灵驱动的，因为它是通过转动开关而运转起来的，尽管没有锅炉和蒸汽。

生物学状况述评

在有机体的生命周期中，事件表现出令人钦佩的规律性和有序性，这是无生命物质所不具备的，它是由一群极其有序的原子控制的，而这些原子只占每个细胞总数的极小部分。此外，根据我们对突变机制的理解可得知，在生殖细胞的"支配性原子"组中，仅仅几个原子的错位就足以改变有机体的宏观遗传性状。

这成为现代科学所揭示的最有趣的事实，而且并非完全不可接受。有机体将"源源不断的秩序"集中在自己身上，从合适的环境中逃脱了"吸收秩序"原子混乱的衰变，这种天赋似乎与"非周期性固体"即染色体分子的存在有关，通过这些井然有序的原子结合，有序度比普通的周期性晶体要高很多，因为每个原子和原子团组都各自发挥作用。

简而言之，我们见证了这样一个事实：现有的秩序显示出维持自身和产生有序事件的能力。这听起来很有道理，因为我们借鉴了有关社会组织和与有机体活动相关的事件的经验，所以这些内容听起来有点像循环论证。

物理学状况述评

需要反复强调的一点是，对物理学家来说，这种状态不仅可靠，而且振奋人心，因为它是前所未有的。与人们普遍的看法相反，受物理学定律支配事件的规则进程，从来都不是一个原子的有序构型的结果，除非这种原子构型重复自身多次，无论是在周期性晶体中，还是在由大量相同分子组成的液体或气体中。

即使化学家在研究一个非常复杂的分子时，他也总是面临着大量相似的分子。这些定律同样适用于这些分子。例如，他可能告诉你，在特定的反应开始后一分钟，一半的分子将发生反应，两分钟后，3/4的分子发生反应。但是，如果可以跟踪某个分子反应的过程，分子是在已经反应的分子中，还是在那些未反应的分子中，这便无法预测，这是一个纯粹的概率问题。

这并不是一个纯粹的理论猜测，也不是说我们永远无法观察到一个原子组甚至原子的运动过程，有时可以做到。但此时我们会发现其完全没有规律性可言，只在平均来看符合规则性。我们在第一章中讨论了一个例子，一个悬浮在液体中的小颗粒的布朗运动是完全不规则的。但是，如果有许多类似的颗粒，它们的不规则运动将呈现出有规律的扩散现象。

单个放射性原子的蜕变是可以被观察到的（它发射出一个粒子，在荧光屏上留下可见的闪烁）。但是，如果只给一个放射性原子，它的寿命可能还不如一只健康麻雀的寿命确定。事实上，只要它活着（可能是几千年），就有在下一秒内爆炸的可能，无论大小，都是一样的。然而，这种明显缺乏个体决定性的情况，却导致了大量同类放射性原子的精确的指数衰变规律。

鲜明对比

在生物学中，我们面对的是完全不同的情况。只存在于一个副本中的原子组产生了有序的事件，根据非常微妙的规则，彼此之间以及与环境之间如此奇妙地协调一致。我说只存在于一个副本中，因为毕竟还有卵细胞和单细胞生物的例子。在高等生物体的后续阶段，副本会成倍增加。但是增加到什么程度呢？据我所知，一个成年的哺乳动物身上大约有10^{14}个。那是多少呢？只是

1立方英寸①空气中分子数量的百万分之一。数量虽然很庞大，但也只能凝聚成一个很小的液滴。再看看它们的实际分布，每个细胞只有一个副本（二倍体有两个）。既然我们知道这个微小的核心机关在孤立细胞中的作用，那么它们就像分散在身体中的"地方政府机构"，它们共有代码，相互之间可以方便地沟通。

　　这是一个奇妙的描述，作者也许更像是一个诗人而不是一个科学家。然而，不需要诗意的想象，只需要清晰和冷静的科学反思就可以认识到，我们所面临的事件是，它们规律有序的展开是由一个完全不同于物理学的"概率机制"指导的。我们观察到的事实是：每个细胞中的指导原则都体现在只存在于一个副本（有时是两个）的原子集合体中，它导致产生的事件是高度有序的。无论我们是觉得惊奇还是觉得很有道理，一个小而高度组织化的原子组能够以这种方式产生作用，这都是前所未有的，除了在生命物质中。物理学家和化学家在研究无生命的物质时，从未见过必须以这种方式解释的现象。这种情况以前没有出现，所以我们的理论也没有涵盖它，我们有理由为美妙的统计理论感到自豪，因为它展示了事件背后的东西，观察到了从原子和分子无序中产生的精确物理规律的美妙秩序；同时表明，最重要、最普遍和包罗万象的熵增规律，无须特别假设就可以被理解，因为熵只不过是分子本身的无序。

序的两种产生方法

　　在生命展开过程中的有序有不同来源。似乎有两种不同的

① 英寸为非法定计量单位，1英寸=2.54厘米。——译者注

"机制"可以产生有序的事件："统计机制"产生"无序中的有序"，新的机制产生"有序中的有序"。对于普通人来说，第二个原理似乎要简单合理得多。这就是为什么物理学家如此自豪地接受了另一个原理，即"从无序中产生有序"的原理，自然界普遍遵循这个原理，而且只有它能表达对自然事件发展线索的理解，首先是自然事件的不可逆性。但我们不要指望从它得出的"物理学定律"足以解释生命物质的行为，因为在很大程度上，其最显著特征是基于"从无序到有序"的原理。你不能期望两种完全不同的机制引出相同的规律，如同你不能期望你的钥匙可以打开邻居的门一样。

因此，我们不必因为用普通物理学定律来解释生命的困难而感到气馁，因为这正是我们对生命物质结构探索会遇到的。我们必须准备好去发现一种在生命物质中占主导地位的物理规律，或者把它称为非物理性的但不超物理性的规律。

新定理与物理学并不冲突

我并不这么认为，因为新原理是一个真正的物理学原理：在我看来，它无非是量子理论原理的重现。为了解释这一点，我们花一些时间，对以前确定的"所有物理定律都是基于统计学的"进行细化，并非修正。

再三提出这种断言，可能会引起矛盾。因为，确实有些现象的明显特征是直接基于"从无序到有序"的原理，似乎与统计学或分子无序无关。

太阳系的秩序和行星的运动，几乎就这样无限期地维持着。此刻的星座与金字塔时代任何时刻的星座是直接相关的；可以从现在的星座追溯到古代，反之亦然。我们发现，通过计算出来的历史上的日食，与历史记录密切吻合，甚至在某些情况下校正了公认的年表。这些计算并不涉及任何统计学，完全是基于牛顿的万有引力定律。

一个精准的时钟或任何类似的有规律的机械运动似乎也与统计学无关。简而言之，所有纯粹的机械事件似乎都明显而直接地遵循"从有序到有序"这一原理。我们必须从广义上来理解"机械"这个词。我们知道，一种常用的时钟是基于从发电站定期传输的电脉冲运转的。

我记得普朗克的一篇有趣小论文，主题是"动力学模型和统计学类型的研究"（Dynamische und Statistische Gesetzmässigkeit）。两者的区别正是这里的"从有序到有序"和"从无序到有序"的区别。那篇论文的目的是要阐述控制宏观事件的统计学类型的定律，是如何由被认为是支配着微观事件的"动力学"定律构成的，即单个原子和分子的相互作用。后一种类型是由宏观机械现象来说明的，如行星或时钟的运动等。

这样看来，被认为是理解生命真正线索的"新"原理，即"从有序到有序"的原理，对物理学来说一点也不新鲜，普朗克甚至认为它具有优先权。我们似乎得出了一个荒谬的结论：理解生命的线索是基于一个纯粹"机械论"的基础上，即普朗克论文中所说的"钟表"。而在我看来，这个结论并不荒谬，也不完全错误，应该被客观看待。

钟表的运动

让我们准确分析一下时钟的实际运动。它不是一个纯粹的机械现象，一个纯粹的机械钟不需要发条，也不需要上发条。一旦开始运动，它就会永远地继续下去。实际上，一个没有发条的时钟摆动几下后就停止了，它的机械能转化成了热能，这是一个无限复杂的原子过程。物理学家对这一过程的总体描述使人们相信，反向过程并非完全不可能：一个没有发条的时钟可能突然开始转动，以消耗其自身齿轮和环境的热能为代价。物理学家不得不说，这座钟经历了一次异常激烈的布朗运动。我们在第二章中已经提到，利用非常敏感的扭力天平（静电计或电流计），可以发现这种事情一直在发生。当然，对于时钟来说，这种情况是不可能的。

钟表的运动是归于动力学类型还是统计学类型的事件（用普朗克的说法），取决于我们的态度。在称其为动力学现象时，我们将注意力集中在一个较弱发条就可以保证有规律的运动上，它克服了热运动带来的小扰动，在此忽略不计。但是，我们知道，如果没有发条，时钟就会因摩擦而逐渐停摆，因此，这个过程只能被理解为一种统计学现象。

尽管时钟内的摩擦和热效应没有那么重要，但没忽视这些效应的第二种态度，才是更基本的，即使我们面对的是由发条驱动的时钟的规则运动。因为不能认为驱动机制真的消除了过程的统计学性质。真正的物理学描述包括这样的可能性：即使是一个有规律运动的时钟，也可能通过消耗环境中的热能而转变运动方向，并倒退回去上紧自己的发条，这个事件只是比没有驱动装置时钟的"布朗运动猝发"的可能性要小一点。

统计型的钟表运动模型

现在我们做一下简单的回顾，前面分析的"简单"案例是典型案例的代表，事实上，所有这些案例似乎都避开了分子统计学的原理。由实质的物理材料制成的钟表（并非想象）并不是真正的"钟表"，偶然因素可能或多或少地被减少了，时钟突然完全出错的可能性也微乎其微，但它始终存在。甚至在天体运动中，也不乏不可逆转的摩擦和热的影响，因此，地球的旋转因潮汐摩擦而慢慢减弱，随着这种减弱，月球逐渐远离地球，如果地球是一个完全刚性的旋转球体，就不会发生这种情况。

然而，"物理钟表"明显地表现出"从有序到有序"的特征，当物理学家在生物体内发现这些特征时，感到异常兴奋。这两种情况似乎有一些共同之处，共同之处是什么，以及是什么使有机体的情况如此前所未有的新颖和不同，还有待于进一步认识。

能斯特定理

一个物理系统（任何种类的原子集合体）何时显示出"动力学规律"（普朗克意义上）或"钟表特征"呢？量子理论对这个问题有一个非常简短的回答：温度在绝对零度时。当温度接近绝对零度时，分子的无序就不再对物理学事件有任何影响。顺便说一下，这一事实不是通过理论发现的，而是在广泛的温度范围内，通过仔细研究化学反应，并将结果外推到实际上无法达到的绝对零度时发现的。这就是瓦尔特·能斯特（Walther Nernst）著名的"热定理"，它有时被誉为"热力学第三定律"（第一定律是能量原理，第二定律是熵原理）。

量子理论为能斯特的经验法则提供了理论基础，也使我们能够估计出，一个系统如何接近绝对零度，才能显示出近似"动力学"的行为。在具体情况下，什么温度等同于绝对零度呢？

千万别以为这必须是一个非常低的温度。事实上，能斯特的发现基于这样一个事实：即使在室温下，熵在许多化学反应中也起着微不足道的作用（重复一下，熵是对分子无序性的直接测量，即它的对数）。

摆钟实际上可看作在绝对零度条件下工作

对于摆钟来说，室温几乎就相当于绝对零度，这就是它遵循"动力学"工作的原因。如果降低温度，摆钟会继续工作（前提是已经清除了所有油渍）。但是如果把它加热到室温以上，它就不会继续工作，因为最终它将会熔化。

钟表与生物体之间的关系

这看似微不足道，但我认为它一语中的。发条能够遵循"动力学"运行，因为它们是由固体构成的，通过海特勒-伦敦固化力保持形状，这种力足以避免常温下热运动的无序倾向。

现在简单说一下钟表和生物体之间的相似点，生物体也是以固体（非周期性晶体构成遗传物质）为基础，在很大程度上摆脱了热运动的无序状态。请允许我将染色体称为"生物体的齿轮"，至少这一说法考虑到了其所依据的深刻物理学理论。

确实不需要太多的修辞来说明两者间的根本区别，也无须辩解为何我在此使用这个生物学的新奇词语。

最突出的特征是：第一，多细胞生物体中齿轮的奇特分布，这一点本章前面有所描述；第二，这样的齿轮不是粗制滥造的手工制品，而是遵循量子力学路线创造的最优秀的作品。

关于决定论和自由意志

作为对我努力阐述这个问题的纯科学方面知识的回报，请允许我补充一点哲学意义的看法，当然这是主观看法。

根据前面所提证据，在一个生命体内，与它的心灵活动、它的意识或任何其他行动相对应的时空事件（也考虑到它们的复杂结构和公认的物理化学的统计解释），如果不是严格决定性的，至少也是统计决定性的。我想强调的是，对于物理学家，我的看法与某些学者所持的观点相反，量子不确定性在这些时空事件中没有发挥任何生物学相关作用，除了在减数分裂、自然突变和X射线诱导的突变等事件中，也许会增加其纯粹偶然性，而这些是显而易见且得到公认的。

为了论证，我把这看作是一个事实，我相信每个有主见的生物学家都会这样做，如果没有关于"宣称自己是一个纯粹的机械装置"的不愉快感觉的话，就会被认为是与直接反省所要求的自由意志相矛盾的。

但直接经验本身，无论它们有多么千差万别和多样，在逻辑上是不可能相互矛盾的。因此，我们应能从以下两个前提中得出正确合理的结论：

（1）我的身体作为一个纯粹的机械装置，按照自然规律运作。

（2）然而，众所周知，我正在指挥自己身体的运动，并预见到了结果，这可能至关重要或具有决定性，我需要对结果负责。

我认为，根据上面两个事实得出的唯一的推论是：这个

"我"，在最广泛意义上，也就是说，每一个曾经说过或感觉过"我"的有意识的心灵，都是根据自然规律控制"原子运动"的人，如果有这种人的话。

在一个文化圈（Kulturkreis）中，某些概念（这些概念在其他民族中，曾经或仍然具有更广泛的意义）受到了限定并变得专门化，所以用简单的措辞来描述这个结论是不妥的。

这些见解本身并不新鲜。据我所知，最早的记录可以追溯到大约2500年前或更早。从早期伟大的《奥义书》中，印度人已经明白了阿特曼（ATHMAN）等同于梵（BRAHMAN）（个人的自我等于无所不在、无所不能的永恒的自我），在印度思想中，这种认识代表了对世界的最深刻观察力，而不是亵渎。所有吠檀多学派的学者在学会了说这句话之后，才在他们心灵中真正接受这一最伟大的思想。

同样，许多世纪以来的神秘主义者，彼此独立又完美地相互协调（有点像理想气体中的粒子），用一句话描述了他们每个人独特的人生经历：我已成为上帝。

对西方意识形态来说，这种思想仍然是陌生的，尽管叔本华等人支持这种思想，尽管那些恋人相互凝视时，会意识到他们的思想和快乐是相互交融的，而不仅仅是相似或相同。但情感激动时又无法清晰地思考，在这方面他们非常类似于神秘主义者。

我再评论一下，意识从来都不是以复数形式被体验的，而只存在个体体验。即使在意识分裂或双重人格的病理中，两种人格也是交替出现的，不会同时出现。在梦中，我们确实可以同时扮演几个角色，但不是不加区别，即我们总是其中一个；以他的身份直接言行，同时又急切地等待另一个人的回答或回应，实际上是我们在控制另一个人的动作和说话，就像控制我们自己的言行一样。

"多"重性的想法（《奥义书》作者持反对态度）到底是如何产生的呢？意识发现自己与一个有限区域内的物质（身体的物理状态）密切相关，并依赖于它（考虑身体发育过程中，如青春期、成年期、老年期等，或者考虑发烧、中毒、麻醉、大脑病变等对心灵变化的影响）。由于类似的身体有很多，因此，意识或思想的"复数化"似乎是一个极具启发性的假说。可能所有单纯的人以及绝大多数西方哲学家，都会接受这个假说。

它几乎可以导致灵魂概念的提出，灵魂与身体数量一样多，同时也带来另一个问题：它们是否像身体一样会死，还是说它们是不朽的，能够独立存在。前者是令人厌恶的，而后者则径直地忘记、忽视或不承认"复数化"假说所依据的事实。有人甚至提出了更愚蠢的问题，比如动物也有灵魂吗？甚至还有人质疑，女人是否也有灵魂，还是只有男人才有灵魂。

这些说法虽然只是试探性的，也会使我们对所有西方官方教义共认的"复数化"假说产生怀疑。如果抛弃迷信成分而保留关于灵魂"复数化"的朴素观念，但又通过宣称灵魂是易逝的，将与身体一起湮灭来"弥补"这个观点，那么我们是否会跌入深渊？唯一可能的选择是维护现有经验，即意识是单数的，复数意识是未知的；只存在一个东西，看起来是复数的东西其实只是这个东西的不同方面而已。同样的幻境也会在多面镜子的房间中产生，同样的道理，高里三喀峰和珠穆朗玛峰只不过是从不同山谷看到的同一座山峰。

当然，我们头脑中一些精心设计的怪诞故事，会影响我们接受这种简单的认识。例如，据说我的窗外有一棵树，但我并没有真正看到那棵树。通过一些狡猾的方法，其中只有最初的、相对简单的几步得到了探索，真正的树把自己的形象投入我的意识中，这就是我所感知到的。如果你站在我身边看着同一棵树，树也会把一个形象投入你的灵魂中，我看到我的树，你看到你的树（非常像我的），而树本身是什么，我们并不知道。对于这种极端的说法，康德是有责任的。在把意识看作是一个单数的观念中，可以这样陈述：显然只有一棵树，所有的意象之类都是一个怪诞的说法而已。

然而，我们每个人都有一个无可争议的印象，那就是他自己的经验和记忆的总和，形成了一个与其他任何人都截然不同的统一体，他把它称为"我"，可是这个"我"是什么呢？

如果仔细分析，我想你会发现，它只是比单个材料的集合（经验和记忆）多一点，也就是说，它是收集这些材料的画布。在仔细反省后你会发现，所谓的"我"的真正含义是收集它们的基础材料。你可能来到一个遥远的国家，看不到你的朋友，甚至可能完全忘记了他们；你有了新的朋友，你与他们分享生活，就像你曾经与你的老朋友一样亲热。重要的是，在过新生活的同时，你仍然记得过去的生活。你可能会用第三人称来谈论"青年时代的我"，相比之下，你正读的小说主人公可能更接近你的心，更鲜活更熟悉。然而，这中间并没有中断，也没有死亡。即使一个技艺高超的催眠师成功地抹去了你所有的记忆，他也无法杀死你，任何情况下，都不会因个人存在的失去而令你感到悲哀。

将来也不会有。

关于后记的说明

　　这里采取的观点与奥尔德斯·赫胥黎（Aldous Huxley）最近在《永恒的哲学》（*The Eternal Philosophy*）一书中的观点相近。他的这本优秀著作（Chatto and Windus出版社，伦敦，1946）不仅清晰阐明了这些观点，而且还解释了为什么它如此难以把握又容易遭到反对。

第二部分

意识与物质

第一章

意识的物理基础

问题

世界是由我们的感觉、知觉和记忆构成的。虽然把世界看作客观存在是一种很方便的方法,可是,它不会因为它的存在而变得明显,它的显现取决于这个世界上那些非常特殊地方发生的非常特殊的事情,也就是大脑中发生的某些事件。这是一种非常奇特的暗示,从而引出了一个问题:是什么特殊性质使得这些大脑活动有别于其他活动及其表现呢?我们能猜出哪些物质活动有这种能力以及哪些物质没有吗?或者更简单地说:什么样的物质过程与意识直接相关?

理性主义者可能倾向于简略地回答这个问题,大致如下:从我们自己以及其他高等动物的视角来看,意识是与有组织的生物体中的某些事件联系在一起的,即与某些神经功能联系在一起。在动物界,意识的出现要追溯到何时,意识早期阶段是什么样子,这些都是毫无根据的猜测,都是无法回答的问题,只能留给那些无所事事的空想家去解决。

至于别的一些活动及无机物的事件,更不用说所有的物质事件了,是否也与意识有某种联系,更是无端臆想。所有这一切都是纯粹的幻想,无法反驳,也无法证明,对于我们的认知更是毫无价值。

对这个问题置之不理的人应该知道,他这样做是在他的世界观中留下了一个多么不可思议的空白。因为神经细胞和大脑在某些有机体内的出现是一件非常特殊的事件，其重要性和意义已广为人知。神经细胞和大脑是一种特殊的机制，通过这种机制，个体通过相应的行为变化来应对不同的情况，这是一种适应环境变化的机制。在所有这些机制中，它是最精细、最巧妙的，无论出现在哪里，都会占据主导地位。然而，它并非独一无二的。大量的有机体，特别是植物，以完全不同的方式实现相似的功能。

　　我们是否相信，高等动物发展的这个非常特殊的转折，一个可能从未出现的转折，是世界借助意识的能量自我闪现的必要条件呢？否则，它会不会只是一出独角戏，不为任何人而存在，或者更确切地说，就是不存在？在我看来，这似乎是世界图像的彻底失败。我们不应该因为害怕遭到明智的理性主义者的嘲笑而打消寻求摆脱僵局的方法的愿望。

　　根据斯宾诺莎的观点，每一事物生命都是无限实体，即神的变形。通过它的每一个属性，特别是广延属性和思维属性来表达自己。第一种属性是在空间和时间上的实体存在，第二种属性是对于活着的人或动物来说，就是意识。但在斯宾诺莎看来，任何没有生命的实体，也是神的思想，也就是说，它也存在于第二属性中。我们在这里接触了宇宙中一切都有生命的大胆想法，尽管这不是第一次被提出，甚至在西方哲学中也不是。早在两千年前，伊奥尼亚的哲学家们就因此获得了"万物有生命论者"的称号。在斯宾诺莎之后，天才古斯塔夫·西奥多·费希纳大胆地把灵魂赋予了植物、作为天体的地球和行星系统等。我并不赞同这些幻想，也不愿意对费希纳和理性主义者谁更接近最深刻的真理作出评判。

一个初步的答案

你会发现，所有拓展意识领域的尝试，自问这类事情是否与神经活动以外的过程有合理的联系，必然会导致未经证实，也无法证明的结局。但当我们从相反的方向开始时，就会拥有更坚实的基础。不是每一个神经活动，更不是每一个大脑活动都和意识相关。尽管从生理学和生物学上讲，它们与"有意识"的神经系统非常相似，都是传入刺激和传出刺激，以及调节和即时反应的生物学意义（部分是在系统内部，部分是针对变化的环境）。

系统内部的反应，例如神经中枢以及由它控制的神经系统内的反射活动。可是，许多通过大脑的反射活动，却不产生意识，或者说几乎与意识无关（这种情况后面会专门探讨）。对于系统外部的环境变化，产生的反应差别并不显著，处于有意识和完全无意识之间的中间情况，我们的身体中就有许多相似的生理过程，通过观察和推理，应该不难发现我们正在寻找的有区别性的特征。

我们可以在下列众所周知的事实中找到答案。当那些我们用感觉、知觉，也可能用行动参与的一系列过程以同样的方式不断重复出现时，此类的活动就会逐渐脱离意识领域。可是，一旦在这类重复的事件中出现了和以往不同的场合或环境条件时，这类事件就侵入了意识领域。即便如此，最初只有那些变化或"差异"侵入意识领域，它们将新事件与旧事件区分开来，因此通常需要"新的思考"。关于这种情况，我们每个人都可以根据个人经验举出许多个例子，此处就不必一一列举了。

意识的逐渐消失，对我们精神生活的整个结构具有极其重要的意义，我们的精神生活建立在通过重复获得实践的过程的基础上，理查德·塞蒙已将这一过程概括为"记忆"，我们后面将进一步讨论这一概念。一种永远不会重复的经历在生物学上是没有意义的，生物的价值只在于学会对重复出现的情况做出适当的反应，在许多情况下，这种情况是周期性的，如果生物仍处于原来的情况，就需要做出同样的反应。从我们自身的经验可以得知，在最初的几次重复中，一个新的元素出现在大脑中，阿芬那留斯称为"已经遇见"或"有印象"。经过频繁的重复，整个事件变得越来越固化，变得越来越无趣，反应却变得越来越可靠，也就从意识中消失了。

就像男孩背诵诗歌，女孩"在睡梦中"弹奏钢琴曲，我们沿着熟悉的路去上班，在熟悉的地方穿过马路拐进小街，等等，我们想的往往是和走路完全不相关的事情。但是，每当情况出现变化，比如我们常过的马路正在维护，就不得不绕行，这个变化和我们对此的反应侵入我们的意识，然而，如果变化不断重复，它们也将很快就会再次从意识中消失。面对不断变化的选择，分叉点出现了，并会以同样的方式固定下来。我们无须多想就顺路去了大学讲堂或物理实验室，只要这两个地方都是经常去的地方。

在这种情况下，差异、反应的各种变化、分叉点等，逐渐累积，数量多不可测。但只有最近的差异才停留在意识的范畴内，只有生物体还处于学习或实践阶段的差异才保留在意识内。打个比方，意识是监督生物体教育的导师，让他的学生独自处理曾做过的作业。但我想再次强调，这只是一个比喻。事实是，新情况和它所引起的新反应被保存在意识中，那些旧的和熟练的经历则不会这样。

日常生活中许多动作和行为都要通过学习获得，而且要非常细致用心。比如小孩第一次尝试走路，注意力必然非常集中，也会为第一次的成功而欢呼，必然是注意力的焦点。成年人系好鞋带、打开灯、脱掉衣服，以及用刀叉吃饭……这些都是以前认真学习的动作，但现在却丝毫不会影响他全神贯注的思考。这偶尔也会闹出一些笑话。有一个故事说的是一位著名的数学家，一天晚上邀请朋友来家做客，可是客人到齐不久后，数学家的妻子却吃惊地发现，他关着灯躺在床上，这到底发生了什么呢？原来他进卧室只是想换一件干净的衬衣领，可因为陷入了沉思，脱去旧领子的动作就引发了随之而来的一连串习惯性的行为。

　　现在，我们从精神生活的个人生活状态，在我看来，那些广为人知的个人精神生活似乎揭示了无意识神经活动的系统发展，如心跳、肠道蠕动等。面对几乎恒定或有规律变化的情况，此种状况必然会非常准确地发生，因此早已从意识中消失。这里也有中间状态，例如呼吸，通常是无意中进行的，但当环境变化时，比如在烟雾弥漫的空气中或哮喘发作时，会发生变化并变为有意识的动作。另一个例子是因悲伤、快乐或疼痛而放声大哭，这种事件虽然是有意识的，但几乎不可能受意识的影响。还有一些滑稽的特性，是由记忆遗传而来的，如因恐惧而竖起头发、因极度兴奋而停止分泌唾液，这些反应在过去一定有某种意义，但对人类而言已失去了意义。

　　我怀疑是否所有人都同意做进一步论证，即将这些概念扩展到神经系统以外的其他过程。虽然我个人认为这是最重要的一点，但这里只作简要的说明。这种概括正好阐明了我们开始时的问题：哪些物质事件与意识相关或伴随意识，哪些不是？我的答案如下：前面我们所说并证明的神经活动的特性，一般说来也是生命活动的特性，也就是说，只要它们是新的，就与意识有关。

　　在理查德·塞蒙的观念和术语中，个体发育不仅是大脑的发育，而且是整个身体的发育，是重复发生了1000多次的一系列事件。根据经验可以知道，生命的最初阶段，即在母亲子宫里的那个时期是无意识的，在接下来的几周和几个月，大部分时间，婴儿也是在睡眠中度过的。在这段时间里，婴儿保持着原有的习惯，此过程中婴儿遇到的情况发生变化的可能性不大。只有当器官逐渐开始与环境相互作用，使其功能适应环境的变化，受到环境的影响进行各种练习实践，并以特殊的方式被环境改变时，生命发育才开始伴随着意识。脊椎动物的神经系统中就有这样一个器官，意识与器官的功能相关联，这些功能通过我们所谓的经验来适应不断变化的环境。神经系统是生物仍在进行系统发育演化的地方，就像是一棵大树的"树冠"。我的假设总结如下：意识与生物的学习有关，它知道如何将习惯的行为变成无意识的。

伦理观

虽然伦理观对我来说非常重要，但其他人可能仍感到疑惑，即使没有这最后的概括，我描述的意识理论似乎为科学理解伦理学铺平了道路。

从古至今，每一个被严格遵守的道德准则，都是以自我否定为基础的。伦理观总是以一种要求和挑战，一种"你应该"的形式出现，这在某种程度上与我们的原始意志是相背离的。"我要"和"你应该"之间这种特殊的对立是怎么来的呢？我要压抑原始的欲望，否认真实的自己，背弃真实的自我，这难道不荒谬吗？的确，在我们这个时代，也许这种要求会遭到各种嘲笑。"我就是我，给我表现个性的空间！我要发展与生俱来的愿望！和我的意愿相违背的道德戒律"都是蓄意设置的骗局。"神就是大自然的主宰，因此是大自然把我塑造成了她所希望的样子。"这样的口号偶尔会听到，想要反驳这样毫不隐讳的声讨并非易事。康德提出的道德律已被认为是非理性的了。

幸运的是，这些声讨的科学基础并不牢靠。我们对生物体的建成的了解使我们很容易理解，我们人类作为有意识的生命，但它实际上必然是一场与原始欲望开展的持续抗争。自然状态下的人类，我们的原始意志和它与生俱来的欲望，显然是我们从祖先那里得到的物质遗产的心理关联。作为一个物种，我们正在不断进化，我们走在人类进化的前沿。因此，生命中的每一天都代表着人类进化的一小部分，且人类的进化贯穿整个生命。的确，一个人生命中的一天，甚至一生，都不过是凿在永远未完成的雕像上的一个痕迹。我们已经经历的巨大的进化，也是由无数次这样细微的凿击累积而成的。这种转变的材料和发生的前提，当然是可遗传的自发突变。然而，对于它们之间的选择，突变载体的行为和生活习惯，是非常重要且有决定性的影响。否则，即使在很长的时间里，物种的起源和选择过程的表面上的定向趋势也无法被理解，毕竟，时间范围是有限的，我们很清楚这一点。

因此，在我们生活的每一天，每一步，我们曾拥有的某种形态必须改变，它们被征服、被消灭或被新的东西取代。我们原始本能的抵抗，就像雕塑现存形象对凿子的抵抗，在心理上是相互关联的。我们既是凿子又是雕像，既是征服者又是被征服者，这是一种真正的持续的"自我征服"。

鉴于道德演化的过程与个体生命甚至是与历史时期相比，都是如此缓慢，认为道德的发展和意识的发展是同步进行的，难道不是很荒谬吗？这个过程难道不是悄无声息地发展着吗？

根据我们前面的考虑，情况并非如此。我们最终认为意识与这些生理活动有关，因为它们通过与变化的环境的相互作用而仍在变化。此外，我们得出结论：只有那些仍处于被训练阶段的变化才会变得有意识，直到很久以后，它们才会成为遗传中固定的、训练有素的、无意识的物种属性。简而言之，意识是一种进化的现象。这个世界只有在变化的地方或产生新形式的时候才会显现。那些处于停滞的地方会从意识中消失，它们可能只在与发生变化的地方相互作用时才会出现。

如果这是正确的，那么意识和与原始欲望的抗争就是不可分割的，甚至可以说它们之间必然是相关的。这听起来很矛盾，但古往今来最睿智的人已经证明了这一点。为了塑造我们称为"人性"的艺术品，人们通过他们的生活、语言、文字甚至生命，证实了他们所受到的自我矛盾所带来的痛苦。但愿这能成为同样遭受这种痛苦的人们的一种安慰吧，毕竟不经历痛苦，就不会产生进化。

请不要误解我。我是科学家，而不是道德训诫者。不要以为我想提出人类朝着更高目标发展的想法是传播道德准则的有效动机。这是不可能的，因为这是一种无私的目标，一种无私的动机，所以只能以道德作为前提条件，这个目标才能被接受。我和其他人一样，无法解释康德律中的"道德要求"。伦理法则以其最简单的一般形式（要无私）出现显然是一个事实，它就在那里，甚至被那些通常不遵守它的绝大多数人所认同。我把这种令人费解的存在看作是一种迹象，表明我们正处于从利己主义到利他主义的生物学转变的开端，表明人类即将成为一种社会性动物。对于单个的动物来说，利己主义有利于保护和发展该物种；但在任何集体中，它都是一种具有破坏性的恶习。一个开始建立而不限制利己主义的群体将会灭亡。进化史上古老状态的形成者，如蜜蜂、蚂蚁和白蚁，已经完全抛弃了利己主义。然而，下一个阶段，即民族利己主义或简称民族主义，仍在它们中间如火如荼地进行着。正如一只工蜂误入其他蜂巢就会被毫不犹豫地蜇死。

现阶段，在人类身上，似乎有一种并非罕见的情况。在第一次变化的基础上，在第一次变化远未完成之前，在相似方向上的第二次变化的痕迹就很明显了。尽管我们仍然是相当积极的利己主义者，但许多人开始看到，民族主义也是一种应该摒弃的恶习。这里也许会出现一种非常奇怪的现象。由于第一阶段还远远没有实现，利己主义动机仍然具有强烈的吸引力，所以，第二阶段，即平息各民族之间的斗争，反而可能更容易实现。人类都受到可怕的新型侵略武器的威胁，因此都渴望民族间的和平。如果我们都像蜜蜂、蚂蚁或古斯巴达勇士那样无所畏惧，而且认为懦弱是世界上最可耻的事情，那么战争将永远持续下去。但幸运的是，我们只是人，懦弱的人。

在我看来，这一章的思考和结论由来已久，可以追溯到30多年前。我从未忘记它们，但我非常担心它们不被大众所接受，因为它们似乎是基于"获得性状遗传"，即拉马克主义。然而，即使否定获得性状遗传，换句话说，接受达尔文的进化论，我们也会发现一个物种中个体的行为对进化方向有着非常重要的影响，这似乎是一种虚假的拉马克主义。在下一章中，我将引用朱利安·赫胥黎的权威观点对此进行解释，但那是针对一个略有不同的问题，并不仅仅是为了支持上述观点。

第二章 | # 认知未来①

生物演化的死胡同

我认为，我们对世界的理解已经到了结论性或最终的阶段，在任何方面都是最大限度或最完美的，这种情况是不可能的。我这样说并不只是因为各种科学领域的研究仍在进行，还因为我们对哲学和宗教的研究和探讨，都会发展和改变我们目前的世界观。在未来的2500年，我们通过这种方式获得的成就，与从普罗泰哥拉、德谟克利特和安提斯提尼以来获得的成就相比，也显得微不足道。我们没有任何理由相信，人类的大脑是反映世界的最高级思维器官。很可能某个物种拥有一种类似的器官，其对应的感知与我们的相比，就像我们的意象与狗的相比，或把狗的意象与蜗牛的相比。

如果真是这样，尽管原则上与我们的话题无关，我们仍很感兴趣：我们想知道自己的后代或我们中的一些人的后代是否能在地球上遇到这类东西。地球完全可以为这种情况的发生提供场所，它仍然是适合人类生存的年轻星球，在过去的10亿年中，生命从最原始的形式进化到现在的面貌。在未来的10亿年，它仍然可以为人类提供生存场所，可是人类自己又如何呢？如果我们接受目前的进化论，因为我们还没有更好的理论，那么似乎我们已

---

① 本章的内容于1950年9月首次在英国广播公司的欧洲服务部门以三组谈话的形式播出，随后被列入《什么是生活？》和其他论文。

经与未来的发展断绝了联系。人类是否会继续进化？我的意思是说，我们形体的相关变化已经作为遗传特征逐渐固定下来，就像我们现在的身体是通过遗传基因型变化固定下来的，用生物学家的专业术语来说，是否还会发生"基因突变"，这个问题很难回答。我们可能正在走入一条死胡同，甚至可能已经走到了尽头。这不会是一个罕见的事件，也不意味着我们人类将很快灭绝。从地质记载中可以了解到，有些物种甚至大的种群似乎在很久以前就已经达到了进化的极限，可是它们并没有灭绝，而是在数百万年里保持不变，或没有发生明显的变化。例如，乌龟和鳄鱼在这种意义上就是非常古老的种群，是远古时代的生物。我们知道，整个昆虫种群或多或少都面临着同样的问题，昆虫的种类数量比所有动物界其他物种加起来还要多。但它们在数百万年里几乎没有变化，而地球上其他物种在这段时间里都已变得面目全非。昆虫无法进一步进化的原因，很可能是它们的骨骼在外面，而不像人类骨骼在里面。这样的骨骼盔甲，除了提供机械稳定性外，还能提供保护，但不能像哺乳动物的骨骼那样，从出生到成熟期间都在生长。这种情况必然使个体在生活史上的逐步适应性变化变得非常困难。

　　就人类而言，有几个论点似乎不利于进一步的演化。根据达尔文的进化理论，自发遗传变化（现在被称为突变）是自动选择的"有益"的突变，这些突变只是很小的进化步骤，即使有益，也只是微乎其微的。这就是为什么在达尔文的理论中，一个重要的部分的进化归因于通常数量巨大的后代，因为其中只有非常小的一部分可能存活下来。这样那些微小的改善似乎才有一定的机会存活下来。这个机制对文明人似乎并不适用，甚至颠倒过来。一般来说，我们不愿意看到自己的同类受苦和灭亡，于是我们逐渐发展了法律和社会制度，一方面保护生命，设法帮助每一个有病或体弱的人生存下来；另一方面，可以把后代数量保持在允许的生计范围内，以取代自然对不适应生存者的选择和淘汰。实现这一目标的方法之一是控制生育，另一种方法是令适当数量的女性生育。我们这一代人非常清楚战争的疯狂和随之而来的灾难和错误，偶尔也为人类平衡贡献了自己的一份力量。数以百万计的成人和儿童死于饥饿、寒冷和流行病。在遥远的过去，小部落或氏族之间的战争被认为具有自然选择的意义，但在历史上它是否真的有意义似乎令人怀疑，但毫无疑问，现在的战争根本没有自然选择的意义。这意味着不作选择的杀戮，就像医学上内科和外科的进步可以不加区分地挽救生命一样。虽然战争和医学在我们看来是完全对立的，但两者似乎都没有任何选择意义上的价值。

达尔文主义的悲观情绪

上述这些思考表明，作为一个发展中的物种，我们已经停滞不前，进一步进化的希望渺茫。即使是这样，我们也不必为此烦恼。我们可能会像鳄鱼和许多昆虫一样，在没有任何变化的情况下存活数百万年。

然而，从某种哲学角度来看，这种想法是令人沮丧的，我想试着提出一个相反的情况。为此，不可避免地涉及进化论的某个方面，这在朱利安·赫胥黎教授的著作《进化论》[1]中找到了理论支撑。据赫胥黎教授的观点，最近的进化论者并不总是充分重视

---

[1]《进化：现代综合》（George Allen and Unwin, 1942）

这个方面的论点。

将达尔文理论通俗化，很容易使人产生一种悲观和沮丧的看法，因为该理论认为有机体在演化进程中处于消极被动的地位。突变是在"遗传物质"的基因组中自发发生，并且我们有理由相信突变发生的原因在于物理学家称作的"热力学涨落"，换句话说，纯属偶然事件。个体既不能改变来自双亲的遗传物质，也无法对遗传给后代的遗传物质产生任何影响。突变的发生是在"适者生存的自然选择"的原则下进行的。这似乎也意味着突变是概率事件，有利的突变可以增加个体生存和繁殖后代的机会，这些突变又会遗传给后代。除此以外，个体一生中的活动似乎与生物学无关，因为个体活动不会对后代产生任何影响，后天获得的属性也无法遗传，个体在自己一生中获得的技能和经验都会随着个体的死亡而消失，不留痕迹。有智慧的生物体会发现，大自然只会按照自己的准则行事，拒绝和任何个体合作，这使得个体注定了无所作为，实际上就是虚无。

正如你们所知，达尔文的理论并不是第一部系统的进化论。在此之前还有拉马克理论，该理论完全建立在这样一个假设上：生物体在生育前通过特定环境或行为获得的新属性，即使不能完全遗传给后代，至少也会留下痕迹。因此，如果生活在岩石或沙土上的动物，脚底产生了有保护作用的老茧，这种老茧就会逐渐成为遗传的性状，后代就可以从遗传中得到这种性状，而不必经历获得它的困难。同样，器官由于不断地被用于某种目的而产生的力量、技能，甚至是实质性的适应能力都不会丧失，至少部分会遗传给后代。这一观点能让我们简单地理解，所有生物对环境的适应是多么地复杂和特殊。这个观点是美好的、令人兴奋的、鼓舞人心的，它远比达尔文理论中明显的消极情绪更有吸引力。

在拉马克的理论中，一个认为自己是进化链中一环的有智慧的生物体可能相信，它为提高身体和精神能力所做的努力，并没有在生物学意义上消失，而是形成了这个物种朝着日臻完美的进化的一部分，作用虽小却无可替代。

不幸的是，拉马克理论站不住脚。它所依赖的假设，即后天性状可遗传的观点，是错误的。据我们所知，后天性状不可以遗传。那些自发和偶然的突变是唯一影响进化的因素，与个体一生中的行为没有任何关系。因此，我们似乎又回到了前面描述的达尔文主义的消极面。

行为影响选择

现在我想告诉大家，达尔文理论并不是这么消极。在不改变达尔文主义基本假设的情况下，我们可以看到，个体的行为利用自身天赋，在进化中起着相关的作用，甚至可以说是最相关的作用。在拉马克理论中有一个非常正确的核心，即功能之间存在着不可忽视的因果关系，无论性格、器官、性状、能力或身体特征，在一代又一代的繁衍过程中遗传，并为其有益的作用而逐渐进化。这种被"使用"和被"进化"之间的联系是拉马克理论中非常正确的认识，也与达尔文理论的观点契合，但在肤浅地看待达尔文理论时这很容易被忽略。如果拉马克理论是正确的，那么事件的发展过程几乎是一样的，只是事情发生的"机制"比拉马克想象的要复杂得多。这一点不是很容易解释或把握，所以提前总结一下结果可能有利于理解。为了避免含糊不清，我们设想一个器官，尽管这个器官的特征可能是任何特性、习惯、部件、行为，甚至是对这种特征的微小变化。拉马克认为器官A被使用了，B因此得到了改进，C的这种改进被遗传给后代。这是错误的，我们必须认为，器官A经历了偶然的变异，B有益的变异被积累，或至少是被选择，C的这种情况代代相传，被选择的突变构成了持久的进化。根据朱利安·赫胥黎的说法，拉马克理论最引人注目的是，发生过程的最初变异不是真正的突变，不具备可遗传性。但如果是有益的，它们可能会被所谓的"器官选择"所强化，也就是说，为真正的突变铺平道路，当突变碰巧出现在"理想"的方向时，就会立即被抓住。

现在来讨论一些细节。最重要的一点是，通过变异、突变或突变加上一些选择而获得的新性状，或性状的变化，可能很容易引起生物体与其环境相关的某种活动，这种活动往往会增加该性状的作用，从而增加选择对它的"控制"。拥有了新的或改变了的性状，个体可能会改变其所处的环境，可能是通过实际的改造，也可能是通过迁移，也可能是根据环境改变自己的行为，所有这一切都是为了加强新性状的有用性，从而加速在这一方向上的进一步的选择性改进。

这种断言可能会让人觉得很大胆，因为它似乎需要个体有目的性或高度的智力。但我想指出的是，虽然这个说法包括高等动物的智慧的、有目的行为，但并不仅限于高等动物。下面我们举几个例子：

一个群体中并不是所有的个体都有完全相同的环境。例如野生植物的花，有些生长在阴凉处，有些生长在阳光充足处，有些生长在高高的山坡上，有些生长在谷底。一种突变，比如多毛的叶子，因为有利于生长将在高海拔地区受到选择的青睐，在山谷地区则将"消失"。结果就像多毛突变体向一个有利于在同一方向发生进一步突变的环境迁移一样。

还有一个例子：鸟类的飞行能力使它们能够在高高的树上筑巢，这样它们的幼鸟就不容易被敌人接近。首先，那些熟悉这些高度的物种有选择上的优势。第二步，这种住所必然会迫使从幼鸟中挑选出精通飞行的鸟。因此，一定的飞行能力会导致环境的变化，或引发对环境适应的行为，这有利于同样能力的积累。

生物最显著的特征是它们被划分成不同的物种，很多物种非常特别，通常是非常奇妙的、赖以生存的行为。动物园几乎就是一个奇妙的动物展览会，如果它能包含昆虫生命史的内容，那就更有趣了。非专门化只是个例外，规则是专门研究特殊的技巧，"如果不是大自然的鬼斧神工，没有人会想到"。很难相信它们都是达尔文的"偶然积累"的结果。

无论一个人是否愿意，他都会被一种力量或倾向所吸引，这种力量或倾向是从"简单明了"走向复杂。"简单明了"似乎代表着一种不稳定的状态，背离这种状态会激起更大的动力，它似乎在同一个方向背离得更远。如果一种特殊装置、机制、器官、有用行为的发展，是由一长串相互独立的偶然事件产生的，而人们已习惯在达尔文的原始概念中思考，那这个观点就很难被理解了。事实上，我相信，只有"特定方向上"的初始的细微变化才由偶然事件产生的，通过自然选择的方式，朝着最初获得优良性能的特定方向，逐步系统地为自身营造"锻炼可塑之才"的环境。用比喻的话来说：物种一旦发现了它们生存机会所在的方向，就会继续沿着这条路走下去。

伪拉马克理论

我们必须以一种普通的，非万物有灵论的方式来阐明，赋予个体某种优势并有利于其在特定环境中生存的偶然突变，如何起到更大的作用，即提高其被利用的机会，从而使环境的选择性影响集中于自身。

为了解释这一点，我们可以把环境简要地描述为有利和不利环境的集合。有利环境是食物、水源、住所、阳光及其他一些条件，不利环境是来自其他生物（敌人）的威胁、毒药和恶劣环境等。为了简便，我们把有利环境称为"需求"，把不利环境称为"敌人"。不是每一个需求都能得到，也不是每一个敌人都能躲开。但为了生存，一个物种必须获得一种折中的行为，避开最致命的敌人，并以最容易获得的方式满足最迫切的需求。有利的突变使某些需求更容易获得，或减少来自某些敌人的威胁，或两者兼而有之。因此，它增加了具有这种能力的个体的生存机会，除此之外，它还改变了最有利的折中点，因为它改变了个体获得需要或承受的敌人的相对重要性。那些能因为偶然或智力因素而相应地改变行为的个体将更受青睐，从而更容易被选择。这种行为的改变并没有通过基因直接遗传给下一代，但这并不意味着它不会被遗传。最简单的例子是前面说的野花（遍布生长在山坡上）进化出了茸毛突变体。茸毛的突变体植株主要在高山上，它们在这些区域传播种子，所以下一代"茸毛突变体"整体地"爬上山坡"，以便"更好地利用它们的有利突变"。

在所有这些情况中我们必须记住，整个环境总是不断变化的，生存的斗争是非常激烈的。一个大量繁殖的种群中，存活率没有明显增长，是因为天敌的威胁大于需求的制约，个体的生存是例外。此外，敌人和需求经常是相关联的，所以迫切的需求只能通过勇敢面对敌人来满足。例如，羚羊必须到河边喝水，但狮子也知道这个地方。敌人和需求错综复杂地交织在一起。因此，一个能减小危险的特定突变，可能会对那些敢于面对危险并因此避开其他危险的突变产生相当大的影响。这可能会导致一个明显的选择，不仅是关于遗传特征方面，也关于使用它的（有意的或偶然的）技能方面。从广义上讲，这种行为是通过示范和学习传给后代的。行为的转变，反过来又促进了向同一方向的进一步突变。

这种效应可能与拉马克所描绘的机制非常相似。尽管后天行为和由此产生的身体变化都不会直接遗传给后代，但行为在这一过程中却起着重要的作用。然而其因果关系并不是拉马克所认为的那样，而是相反的。不是说这种行为改变了父母的形体，也不是通过遗传改变了后代的形体。是父母的生理变化通过选择直接或间接地改变了它们的行为；这种行为的改变，通过示范或教导甚至更原始的方式，与基因携带的物理变化一起传递给了后代。即使这种生理变化并不是可遗传的，"经验传授"行为也可以是一种高效的进化因素，因为它为接受未来的可遗传突变敞开了大门，并准备好充分利用它们，从而使它们更容易被自然选择选中。

习性和技能的遗传影响

有人可能会反对说，这里描述的情况可能偶尔会发生，但不可能无限期地持续下去，形成适应性进化的基本机制。因为行为的改变并不是通过物质遗传，即遗传物质染色体来传递的。因此，它在遗传上肯定不是固定的，很难看出它如何与遗传物质相结合。这的确是一个重要的问题，因为我们知道，习惯是可以遗传的，例如鸟类筑巢的习惯，猫狗身上的各种清洁习惯，这就是明显的例子。如果不能用达尔文理论来理解这一点，达尔文理论将面临被抛弃的风险。这个问题应用到人类身上就有了独特的意义，因为我们希望推断出，一个人一生中的奋斗和劳动，从生物学意义上构成了对人类发展和进步的重大贡献。我认为情况大致如下。

根据我们的假设，行为的变化与形体的变化是平行的，形体偶然变化的结果，很快就会引导进一步的选择机制，因为行为已经利用了最初的条件，只有同一方向的进一步突变才有选择价值。但新器官足够发达时，行为与器官的联系变得越来越紧密，所以行为和形体合二为一。不使用你就不可能拥有灵巧的手，否则它们会妨碍你（就像舞台上的业余演员，因为他们用手只是做动作）。不尝试飞翔就不可能拥有擅长飞翔的翅膀。不模仿听到的周围的声音，你就不可能拥有精准的发音器官。拥有某一器官和使用该器官的欲望，以及通过实践来提高其技能，将它们视为生物体的两种不同特征是一种人为的区分，这种区分是通过抽象语言实现的，但在本质上没有对应的存在。

当然，我们不能认为"行为"最终会逐渐侵入染色体结构并获得"位点"，但是新器官本身（它们已在基因上固定）携带着使用它们的习惯和方式。如果没有得到生物体通过对新器官的适当利用的协助，那么，自然选择将无力"制作"一个新的器官，这是非常重要的。因此，行为和器官两者是相关联的，最终（或实际上在每个阶段）在基因上固定遗传一个"用过"的器官，就像拉马克所述的那样。

将这一自然选择过程与人类制造工具的过程进行比较是很有启发性的。乍一看，似乎有明显的差别：我们制造了一个精巧的机械装置，如果没有耐心，在完成之前总想着反复使用它，就会把它弄坏。人们可能会说，大自然的情况并非如此。自然界不能产生一个新的生物体和新的器官，除非它们被不断地使用、检验和改善其效能。然而，实际上这种对比是不合适的，人类制造工具的过程实际上和个体发育的过程相当，即从受精卵到成熟个体的发育过程，这整个过程中，任何的非必需的干预都是不被接受的。幼小的个体必须受到保护，在还没有获得该物种的全部力量和技能前，不能让他们开始工作。也许可以用自行车的历史的展览说明生物进化的真正平行性，展览会可以展示这种机器是如何年复一年地逐渐变化的，火车、汽车、飞机、打字机等也是同样的方式。就像在自然过程中一样，我们所讨论的机器必须不断使用，从而得到改进。改进并不是通过使用本身，而是通过使用中获得的经验和改进意见来实现的。顺便提一下，前面提到的自行车就像是一个古老的有机体，它已经达到了可达到的完美阶段，因此几乎不再变化。然而，这种有机体并不会灭绝！

智力进化的危机

让我们回到本章的开头，从这个问题开始：人类是否有可能进一步进行生物学意义上的进化？我认为前面的讨论突出了两个有关的问题。

第一点是行为在生物学上的重要性。通过先天适应能力和环境，根据这些因素中的任何一个的变化而进行调节，虽然行为本身不是可遗传的，但可能会加速进化的过程。在植物和低等动物中，适当的行为是通过缓慢的选择过程产生的，换句话说，是通过试验和改错来产生的，而高智商的人类可以通过主动选择来实现。这种绝对性的优势很容易就克服了繁殖缓慢和数量稀少的劣势。从进化角度来看，为了让所有人都能得到存活的物质条件而限制生育数量，这种做法是非常危险的。

第二点是关于人类是否仍会进化的问题，这与第一点密切相关。在某种程度上我们得到了答案：这取决于我们和我们的行为。我们不能等待事情的发生，认为它们是由命运决定的。如果我们想要它，就必须做些什么。如果不是，那也不必期待进化发生。正如政治和社会的发展以及历史事件的顺序，不是命运强加给我们的，而是主要取决于我们自己的行为，因此，生物体的未来，只是一个大范围的历史，不能被认为是一个不可改变的命运，并不是由自然法则预先决定的。无论如何，对于我们这些历史中的过客，事实并非如此，即使对一个像我们观察鸟和蚂蚁一样观察我们的更高级物种来说，它可能看起来是早已注定的。无论从狭义上还是广义上，人类都倾向于把历史看作是命中注定的事件，被无法改变的规则和法律所控制，其原因是非常明显的。这是因为每个人都觉得，除非他能让许多人接受自己的意见，并说服他们相应地调整自己的行为，否则他觉得自己在这件事上几乎没有什么发言权。

至于为保障我们生物的未来所必需的具体行为，我只提一个我认为最重要的观点。我相信，我们正处于错过"完美之路"的危险中。综上所述，选择是生物发展的必要条件，如果将其完全排除，生物发展就会停止，甚至可能会退化。用朱利安·赫胥黎的话来说：有害突变将导致器官的退化，当器官变得无用时，自然选择就不再作用于它，也无法使其保持正常状态。

现在我相信，大多数生产过程的日益机械化和"傻瓜化"对智力器官退化造成了严重威胁。由于不需要技巧的枯燥的机器生产装配线日益增加，聪明的工人和迟钝的工人在生存机会就越是相等，聪明的头脑、灵巧的手和敏锐的眼睛就越显得多余。而一个迟钝的人会受到青睐，因为他们更容易接受枯燥的工作，因而有所收益，他也会感觉谋生更加简单，可以成家立业，生儿育女。这样导致的结果就是，人类的才能和天赋很可能出现负向选择。

　　现代工业社会生活的艰辛，导致了一些旨在减轻这种困难的制度的产生，例如保护工人不受剥削和失业的威胁，以及许多其他福利和安全措施。人们理所当然地认为它们是有益的，它们已经变得不可或缺。然而，我们不能忽视这样一个事实：减轻个人照顾自己的责任，使每个人的机会均等，排除能力上的竞争，这些都抑制了生物的进化。我知道这一点很有争议。有人可能会提出强有力的论据：福利的益处必须大于对生物进化未来的威胁。但幸运的是，根据我的主要论点，我认为它们是一致的。无聊枯燥已经成为我们生活中仅次于需求的又一种痛苦，与其让我们发明的精巧机器制造越来越多的多余的奢侈品，不如去计划改进它，使它取代人类所有不智能的、机械的、"像机器一样"的工作。机器必须承担人类已经相当熟练的工作，而不是让人类去完成那些因为使用机器太过昂贵的工作，就像经常发生的那样。这并不会降低生产成本，反而会让参与生产的人更快乐。只要世界各地的大公司和企业之间的竞争仍然盛行，那么实现这一计划的希望就很小。但这种竞争既无趣，也没有生物学价值。我们的目标应该是恢复个体之间有趣而明智的竞争。

第三章 | 客观性原则

9年前，我提出了构成科学方法基础的两个原则：对自然的可理解性原则和客观化原则。从那以后，我不时地谈到这个问题，最近一次是在我的小书《自然与希腊人》①中。我想在这里详细谈谈第二个问题，即客观化。在解释它的意思之前，让我先消除一个可能产生的误解，这是我从对那本书的几篇评论中认识到的，尽管我从一开始就在防止它的出现。原因很简单：有些人似乎认为，我的目的是要确立一些基本原则，这些原则应当成为科学方法的基础，或者至少是公正地且正确地成为科学的基础，应当不惜一切代价地加以维护。与此相反，我只是在坚持它们，而且它们是古希腊人的遗产，我们所有的西方科学和科学思想都起源于古希腊人。

这种误解并不令人吃惊。如果你听到一位科学家宣布科学的基本原则，并强调其中特别重要的两个原则，你很自然地会认为他强烈支持这两个原则，并希望别人也拥护这些原则。但此外，科学从不强加任何东西，科学只是陈述。科学的目的无非是对其研究对象给出真实而充分的说明，要求的只有真实和真诚。当前，研究的对象是科学本身，是已经经历了发展、成为目前的样子的科学，而不是将来科学应该是或应该发展成的样子。

---

① 剑桥大学出版社，1954年。

现在我们谈谈这两个原则。关于第一条"自然可理解性原则",这里只简单说明。最令人惊讶的是这个原则必须被提出来,而且是绝对必要的。它起源于米利都学派的哲学家兼自然科学家。

从那以后,很少有人再对这个问题进行论述,但并非完全同意这些意见。物理学目前采用的思想就和这个原则存在明显的分歧。不确定性原则,认为缺乏严格的因果联系的本质,可能代表着背离或部分放弃了它。讨论这个问题会很有趣,但在这里我想集中讨论另一个原则,即"客观性原则"。

我说的"客观性原则"被称为"现实世界的假说"。我认为它是某种简化的概括,我们用来掌握无限复杂的自然问题。如果我们没有意识到它,也没有对它进行严格的系统研究,就把"认知的主体"排除在我们努力理解的自然领域之外,把我们自己当作这个世界的旁观者,那么,这个世界就变成了一个客观世界。可是,这种方法在下面两种情况出现了混乱:自己的身体(与我的精神密切相关)是自我感觉、知觉和记忆构成的客观世界的一部分。再者,其他人的身体也是这个客观世界的一部分。

我有充分的理由相信,其他的身体也与他的意识密切相关,或者就是意识的一部分。我无法直接接近其他人的意识,但也没有任何理由怀疑这些意识的存在。因此,我更愿意把它们当作客观事物,当作构成我周围真实世界的一部分。此外,由于我和他人之间没有任何区别,相反,从各个角度来说都是完全对称的,所以我自己也是我周围这个真实物质世界的一部分。可以说,我把有意识的自我(它把这个世界视为一个精神产物)和由上述一系列错误结论得出的逻辑混乱的推论,一起重新归入这个世界中。我将逐个指出这些逻辑的混乱之处。现在只提一下两个最明显的矛盾，这是因为我们意识到这样一个事实，我们必须把自己置身事外，退回到一个旁观者的角色，这样才能看到令人满意的世界图景。

第一个矛盾是发现我们的世界是"无色、冰冷、无声"的。颜色和声音、冷和热都是我们的直接感受，在摒弃了我们的个人意识的世界中，这些也不复存在。

第二个是我们对精神与物质相互作用的地方的探索仍一无所获。这一点从查尔斯·谢林顿爵士的《人之本性》一书中的精彩论述中得到了很好的阐述。物质世界的建立，是以把精神，也就是心灵，从物质世界中除去为代价；因此，很明显，精神既不能作用于物质，也不能被物质的任何部分所影响（斯宾诺莎用简洁的句子陈述了这一点）。

我愿更详细地谈谈我提出的一些观点。首先允许我引用荣格论文中的一段话，这段话在完全不同的背景下强调了同样的观点，尽管采取了严厉斥责的方式。当我继续把"认知的主体"从客观的世界图景中移出，看作是为一幅相当令人满意的图景所付出的高昂代价时，荣格的论述更进一步，责备我们为了走出无法避免的困难支付了赎金。他说：

> 然而，所有的科学（*Wissenschaft*）都是心灵的活动，所有的知识都植根于心灵。心灵是所有宇宙奇迹中最伟大的，它是世界作为客观事物的必要条件。令人惊讶的是，西方世界（除了极少数例外）似乎对心灵的作用不以为然。认知的客体如潮水般涌入，使一切"认知主体"退居幕后，好似认知主体不复存在。

当然荣格说得很对。同样明显的是，从事心理学研究的他，对这个新兴领域比物理学家或生理学家要敏感得多。然而，我想说的是，从这个占据了2000多年的领域迅速撤退是危险的，在一个特殊但非常重要的领域获得一定的自由，很可能会失去一切，但问题就在这里。这门新兴的心理学迫切需要生存空间，需要重新考虑已有的学科秩序。这是一项艰巨的任务，我们不可能现在解决它，只能满足于把问题提出来。

我们发现，心理学家荣格抱怨在我们对于心灵的排斥和对灵魂的忽视，我想列出一些观点作为对照或补充，这些观点出自古老、谦逊的学科物理学和生理学中的代表人物，只是为了说明，"科学世界"变得如此可怕，以至于没有给思想和直接感觉留下任何空间。

有些读者可能还记得爱丁顿的"两张书桌"：一张是他熟悉的旧家具，他坐在旁边，把胳膊放在上面；另一张是科学研究的充满小孔的物体，缺乏任何感觉特征。到目前为止，宇宙中最大的部分是虚空，其间点缀着无数微粒，电子和原子核在旋转，但彼此之间的距离至少是它们自身大小的10万倍。通过对两者的生动对比后，他总结如下：

> 在物理学的世界里，我们看到的只是熟悉生活的投影。我手肘的影子投射在桌上的影子上，墨水的影子在纸张的影子上流动。其中，最重要的进步是人们清楚地认识到自然科学与影子世界相关。①

请注意，最近的进展并不在于物理世界本身获得了这种影子的特征；从阿布德拉的德谟克利特时代开始，甚至更早，这个观

---

① 《物质世界的本质》（剑桥大学出版社，1928年），导论。

点就有了，只是我们不了解它。我们以为我们在和世界本身打交道；就我所知，像"模型"或"图像"这样的科学概念建构的表述，出现在19世纪下半叶。

不久之后，查尔斯·谢林顿爵士出版了他的巨著《人之本性》①。这本书充满了对物质与精神相互作用的客观证据的诚实探索。我强调"诚实"这个词，是因为它确实需要非常认真和真诚的努力来寻找他们事先深信无法找到的事物，因为这种事物并不存在。他有一个简要的总结（普遍认为）：

> 心灵，是我们能够感觉到的任何事物，因此在我们的空间世界中，它比幽灵更像幽灵一样存在，看不见，摸不着，甚至没有形体，它不是"实体"。我们的感官无法证实它的存在，而且永远也无法证实。

用我自己的话来表达：意识从自然哲学家自身的物质中建立起客观的外部世界。意识无法完成这个巨大的任务，除非简单地把自己从构建的客观世界中抽离出来，因此，客观世界不包含它的创建者。

仅仅通过引用句子无法表现谢林顿的这部不朽著作的伟大，你必须自己去品读。但我还是要提及书中的几个特点：

> 物理学……使我们面对这样的一种困境：意识本身不能弹钢琴，不能移动手指。

> 于是出现了困境，我们对意识如何影响物质一无所知。逻辑缺失的无力感，让我们感到震惊，这是误解吗？

---

① 剑桥大学出版社，1940。

用20世纪实验生理学家得出的结论，对比17世纪最伟大的哲学家斯宾诺莎（伦理学，第三卷）的简单陈述：

身体不能决定意识思考，意识也不能决定身体运动、休息或其他任何事情（如果有的话）。

僵局就是僵局，难道我们不是自己行为的实施者吗？可是，我们应该对自己的行为负责，并因此而受到惩罚或表扬，这是自相矛盾的。我认为，这个问题在当代无法解决，现代科学仍然陷在"排除原则"中而不知，并由此产生了悖论。认识到这一点是有价值的，但这并不能解决问题，就像不能通过议会颁布法案来取消"排除原则"。所以，必须重建科学态度，必须重新创造科学。

因此，我们面临着以下值得注意的情况。构成我们世界图像的材料完全来自作为"意识器官"的感官，所以每个人的世界图像始终是意识的一个建构，不能被证明存在于其他地方。然而意识本身在这个建构中仍是一个外来者，那里没有它的生存空间，你也无法找到它。我们通常没有意识到这一事实，因为我们已经完全习惯于把人或动物的个性认为是存在于其身体内部的。当我们得知在体内找不到它时，我们感到非常惊讶、怀疑和犹豫，我们不愿意接受这样的说法。

我们已经习惯地认为，"有意识的自我"存在于我们的大脑中。根据不同的情况，那里可以产生理解、和蔼或温柔，也可能是怀疑或愤怒。不知道是否有人注意到，眼睛是唯一的完全接受特性的感觉器官，相反，我们更倾向于认为是眼睛发出的"视线"，而不是从外部射入眼睛的"光线"。你经常会在漫画中，或一些光学仪器或光学定律的古老示意图中，发现关于"视线"的描绘：从眼睛中射出的虚线指向某一物体，另一端的箭头指示它的方向。亲爱的读者，回想一下当你给孩子一个新玩具时，他对你露出的明亮快乐的眼神，物理学家会告诉你，事实上眼睛里没有出现任何东西。眼睛唯一能被客观可检测的功能是，不断地受到光子的照射和接收光子。在现实中这是一个奇怪的事实，我们感觉其中好像少了点什么。

我们很难估计意识在身体中的位置，意识存在于身体内只是象征性的，只是为了实际应用的需要。让我们用已知的知识来逐步探索身体内部的情况。我们确实遇到了非常有趣的繁忙景象，如果你愿意，也可以把它看作一部机器。我们发现，眼睛是由数以百万计的细胞构建在一个难以测量的复杂结构中，这些细胞之间进行着深远和高度完善的相互沟通和协作。神经细胞之间有规律的电化学脉冲，其结构变化迅速，成千上万细胞间的联系在瞬间完成，由此引发了化学变化，可能还有其他尚未发现的变化。这一切我们都已了解，随着生理学的不断发展，我们相信，对它的了解也会更加深入。

现在假设在某种特殊情况下，你最终观察到来自大脑中的神经电脉冲，通过长长的细胞突起（运动神经纤维），传导到手臂的某些肌肉组织。为了一场漫长痛苦的分离，手臂会举起犹豫、颤抖的手，挥舞告别。同时电脉冲会促使某种腺体分泌物，使悲伤可怜的眼睛充满泪水。但可以肯定的是，无论生理学发展到什么程度，在这条从眼睛经过中枢器官再到手臂肌肉和泪腺的路径上，任何地方都不会看到意识，看不到可怕的痛苦和忧虑，尽管现实对你来说是如此明确，就像你亲身经历过一样！

生理学告诉我们"任何其他人"的身体构成，假如这个"任何其他人"恰好是我们最亲密的朋友，这会使我想起埃德加·爱伦·坡的一个奇妙故事，即《红死魔的面具》。为了逃避肆虐漫延的红死病瘟疫，一个王子和他的随从隐居在一个孤立的城堡。在入住城堡一周后，他们安排了一场盛装打扮、戴着面具的盛大舞会。舞会上一个人身材高大，全身都蒙着红色面纱，显然红色代表了瘟疫，这让每个人都不寒而栗，一方面是因为这样的装扮带有恶意，另一方面也因为大家感觉他是外来者。最后，一个大胆的年轻人走近红色面具，猛然扯下他的面纱和头饰，才发现这只是一具空的躯壳。

我们不是一具空壳。尽管在我们的躯壳中所发现的东西能引起人们的强烈兴趣，但如果把生命和意识作为衡量的标准，那就真的什么也不是了。

意识到这一点，最初可能使人心烦意乱。然而深思过后，我倒是觉得这是一种安慰。如果你必须面对一个你非常想念的已故朋友的遗体，并意识到这具身躯从来都不是他真正的灵魂所在，只是象征性地作为"实际参照"，这难道不是一种安慰吗？

作为这些观点的补充，那些对物理学感兴趣的读者，可能希望我发表量子物理学派关于主体和客体的一些观点，这一学派的倡导者是尼尔斯·玻尔、维尔纳·海森堡、马克斯·波恩等人。下面给大家简单介绍一下他们的思想①：

在没有"接触"到一个自然物体（或物理系统）之前，我们无法对它作出任何客观的陈述。这种"接触"是一种真实的物理上的互动。即使它只包含我们的"看"的对象，物体与光线接触后反射到眼睛或某种观察仪器。这意味着物体受到我们观察的影响。如

---

① 详细内容见《科学与人文主义》（剑桥大学出版社，1951年）。

果将物体完全隔离，则无法获得有关它的任何知识。该理论继续说明，这种扰动既不是无关紧要的，也不是完全可测量的。因此，在经过多次努力的观察之后，物体的某些特征（最后观察到的）是已知的，而其他特征（被最后一次观察干扰的特征）是未知的，或不能被准确地了解。这种情况用来解释为什么对任何物体都不可能有完整的、无遗漏的描述。

如果必须承认这一点，那么它就违背了"自然的可理解性原则"。这本身并不是什么耻辱的事，且我在本章开始就说过，我提出这两个原则并不是要对科学造成束缚，它们只是表达了在自然科学中已经坚持了许多个世纪的原则，是不容易被改变的。我个人并不确定我们目前的知识能够证明这种变化是正确的。我认为，我们的模型可能通过这种方式，修改成在任何时候都不会同时出现且原则上不能同时被观察到的属性，这种属性同时性较差但对环境变化的适应性较强。

然而，这只是一个物理学内部的问题，此处无法解决它。但从前面阐述的理论中，被观察对象受到测量装置的影响，这种影响不可避免，且无法准确测定。有人从主体与客体之间的关系中得出了具有认识论性质的重大结论。他们认为，物理学的最新发现已向前推进到主体和客体之间的神秘边界，这个边界没有清晰的界限。当我们观察某个物体时，它会被我们的观察活动影响，在我们精密的观察方法和对实验结果思考的影响下，主体和客体之间的神秘边界已经被打破了。

为了批判这些争论，首先要接受那个时代所推崇的主体与客体之间有明确界限或区别的看法，就像过去和现代的许多思想家那样。从阿布德拉的德谟克利特到"柯尼斯堡的老人"

（Königsberg），所有接受这一观点的哲学家中，几乎没有人不强调我们所有的感觉、知觉和观察都具有强烈的个人主观色彩，而且并没有表现出康德所说的"物自体"的本质。在这些思想家中，有些人可能对"物自体"有或多或少的曲解，康德却使我们完全放弃了理解"物自体"：任何人都不可能了解"物自体"。因此，一切表象中都具有古老而熟悉的主观性观念。当前新的观点是：我们从环境中获得的印象，不仅取决于感官中枢的属性和不可预测状态，相反，我们希望环境也会被我们改变，尤其是受到我们的观察设备的影响。

也许某种程度上确实如此，从新发现的量子物理学定律来看，这种影响似乎无法降低到某些已知的极限。但我仍不愿称这是主体对客体的直接影响。因为主体，如果有的话，只不过是感觉和思维的存在，而感觉和思维不属于"能量的世界"，正如斯宾诺莎和查尔斯·谢林顿所说的那样，它们不能在这个能量世界中产生任何变化。

所有这些都是从我们接受古老而神圣的主体和客体间有明确区别的角度来说的。虽然在日常生活中我们只能接受它作为"实际的参照"，但在哲学思想领域，我们应该放弃这种观念。康德用"物自体"的概念揭示了其中的严格逻辑关系，可是我们对抽象的"物自体"这一概念一无所知。

正是同样的元素构成我的意识和世界，这种情况对每一种意识和它所构想的世界都是一样的，尽管它们之间有大量的"相互参照"。

我只感觉到了一种世界，而不是实际存在和感知分开两个世界，主体和客体本质上是一体的，它们之间的障碍并没有因为物理学的最新发现而被消除，因为所谓的障碍并不存在。

第四章 | 算术悖论：思想的同一性

　　在我们科学的世界图像中，为什么找不到感性的、感知的和思维的自我，用一句话就可以回答这个问题：因为意识本身就是那个世界图像，两者是一个整体，因此不能把意识作为其中的一部分。当然，这里遇到了一个算术悖论：似乎有很多有意识的自我，而世界只有一个，导致这样结果的原因在于世界概念产生的方式。

　　"个体"意识的领域部分重叠，它们的重叠区域构成了"我们周围真实世界"。这种令人不安的感觉仍然存在，并引发了这样的问题：我的世界和你的世界一样吗？是否有一个真实的世界，可以与我们每个人都能感知到的世界图像区分开来？如果是这样的话，这些意识中的图像与现实世界一样吗？或是现实世界与我们感知的世界截然不同？

　　这样的问题很有创造性，但在我看来很容易混淆。他们没有合适的答案，而且都是悖论，而这些悖论源自同一个源头，我称之为算术悖论。许多有意识的自我，他们的意识产生的经验，创造出了唯一的世界。解决了这个数字悖论，前面的问题都将迎刃而解。我敢说，答案揭示出这类问题都是虚假的。

　　有两种方法解决这个数字悖论，但从现代科学思想（基于古希腊思想，因此是完全"西方"的）的观点来看，这两种方法都非常疯狂。其中一种办法是莱布尼茨令人畏惧的单子论中的世界多样性：每一个单子都是一个独立的世界，它们之间没有关联，单子不能与外界接触，它是"孤立的"。尽管如此，它们仍然保持一致，即所谓的"预先设定的和谐"。我想很少有人会对这个观点感兴趣，也不会把它看作是对数字上的悖论的一种缓解。

那么就只有一个选择，即多重知觉或意识的统一。它们的多样性只是表面上的，事实上只有一种意识。这是《奥义书》的观点，不仅仅是《奥义书》，除非遭到强烈的现有偏见的反对，所有与神合二为一的神秘主义通常都是这种看法，这意味着它在西方并不如在东方那样容易被接受。此处引用《奥义书》之外的一个例子，13世纪的一位伊斯兰波斯神秘主义者阿齐兹·纳萨菲的话。这段话摘自弗里茨·迈耶的一篇论文①，并从他的德译本中翻译了过来：

> 任何生物死亡后，灵魂回归其灵魂世界，肉体回归肉体世界，但只有肉体会发生变化。灵魂世界只是一个单独的灵魂，站在肉体世界的后面，当任何一个生物诞生时，它就像一束光一样透过窗户照射进来。进入世界的光线的多少与窗户的种类和大小相关，而光本身始终保持不变。

10年前，奥尔德斯·赫胥黎出版了一本重要著作，他称之为《永恒的哲学》②，这是一本收录不同时期各国神秘主义著作的选集。随意翻开它，就会发现许多类似的优美的表达，你会惊讶于不同种族、不同宗教的人类之间奇迹般地达成了一致，他们彼此没有交集，相隔了几百年、几千年，相距万里，甚至根本不知道对方的存在。

但必须说，这一学说对西方思想几乎没有吸引力，它们被认

---

① Eranos Jahrbuch，1946.

② Chatto and Windus，1946.

为是不合乎科学的荒唐悖论。

导致这种结果的原因在于，我们的科学，或者说希腊科学，是建立在客观化的基础上的，它切断了对认知主体和精神活动的充分理解。我认为这正是我们目前的思维方式中所欠缺的地方，或许可以从东方思想中输入一些新鲜血液。但这不是一件容易的事。

不过，有一点是可以主张的，那就是关于意识之间以及它们与最高意识的"同一性"的神秘教义，而不是令人生畏的莱布尼茨的单原子论。同一性学说宣称，它是以经验事实为依据的，即意识从来都不是以复数形式出现，而是以单数形式出现的。我们不仅从未体验过多种意识，而且也没有任何证据表明这种情况在世界上其他地方发生过。如果我说同一头脑中不能有多种意识，这似乎是没有意义的重复，因为我们根本无法想象相反情况的发生。

然而，在某些情况下，我们会期望甚至需要这种不可想象的事情发生，如果它真的能发生的话。这就是我现在想要详细讨论的问题，并将引用查尔斯·谢林顿爵士的话来阐明这一点，他是一位极具天赋的理智的科学家（这极为罕见）。据我所知，他对《奥义书》的哲学没有偏见。我在此讨论的目的，也许是为"同一性"概念与科学世界观的融合扫清障碍，而不必为此付出失去理智和准确逻辑的代价。

我刚才说过，我们甚至无法想象在一个头脑中有多重意识。我们可以认为这句话是正确的，但并不是对任何可想象的经验的准确描述。即使在"人格分裂"的病例中，双重人格也是交替出现，而不是同时出现，这种病例的一个典型特征是，两种人格对彼此的情况一无所知。

就像在梦里的木偶戏中，我们手握许多木偶的提线，控制着他们的言行，我们却没有意识到这一点。其中只有一个人是我自己，这个做梦的人。我以这个角色行动、说话，同时我还急切地等待另一个人回复，不管他是否会满足我的迫切要求。我从来没有想过，我真的可以让他做我想做的事，说我想说的事。事实上，情况并非如此。因为，我敢说，在这样的梦中，"另一个人"多半是在现实生活中对我们构成严重障碍的化身，是我无法控制的。这里描述的这种奇怪情况，显然解释了为什么大多数古人都坚信，他们确实在与他们梦中见到的人有过交流，这些人可能是活着的或死去的，也可能是神或英雄。这是一种难以根除的迷信，在公元前6世纪初，以弗所的赫拉克利特明确反对这种迷信，这是在他留下的有时晦涩难懂的著作片段中，少有的清晰论述。在公元前1世纪，卢克莱修·卡鲁斯认为自己是启蒙思想的倡导者，他仍然坚持这种迷信。现在这种迷信可能很罕见，但我怀疑它是否已经彻底消失。

下面转向一个完全不同的话题。我的意识（我觉得它是唯一的）是如何通过整合构成我身体的所有（或部分）细胞的意识而产生的，或者，在我生命的每一刻，这些细胞是如何产生我的意识的。有人会认为，我们每个人都是这样的"细胞联合体"，如果它有能力做到这一点，那么人将是意识表现多样性的绝佳场所。现在，人们已经不再使用"细胞联合体"或"细胞国"作比喻了。谢林顿说：

> 组成我们的每一个细胞都是一个以自我为中心的生命个体，这并不仅仅是为了便于描述的一句空话。细胞作为身体的组成部分，不仅可以明显的区分，而且是以自身为中心的个体生命。它按照自己的方式生

活……每个细胞都是一个独立的生命，而我们的生命又是由这些细胞生命组成的统一体。[1]

上面的内容可以更详细、更具体地继续讨论下去。对大脑的病理学和对感知的生理学研究都明确表明，可将感觉中枢划分为若干区域，这些区域的独立性令人惊讶，这会让我们期望发现这些独立区域与思维领域的联系，但事实并非如此。下面是一个特别典型的例子，如果你像平时一样用双眼看远处的景物，然后闭上左眼只用右眼看，再闭上右眼只用左眼看，你会发现这三种方式并没有明显区别，意识的视觉空间在这三种情况下是一样的。这很可能是由于视网膜上相应的刺激被神经传递到大脑中产生感觉的同一个中心。就像我家门上的按钮和我妻子卧室里的按钮，都可以启动厨房门上方的同一个门铃。这是最简单的解释，但这个解释是错误的。

谢林顿给我们讲述了一个非常有趣的关于闪烁频率阈值的实验，我将尽量简短地描述这个实验。想象一下，在实验室里安装一个微型灯塔，灯塔每秒闪烁多次，如40、60、80或100次。当闪烁的次数增加到一定频率时，闪烁就会消失，这个次数取决于实验的具体情况，此时，我们用肉眼观察到的则是一束连续的光。[2]

假设阈值频率为每秒60次，现在进行第二个实验，实验条件不变。采用一种装置，第一次闪光只允许传到右眼，下一次闪光传到左眼，这样每只眼睛每秒只能接收到30次闪光。如果刺激被传到同一个生理中枢，那么结果应该不会有什么区别。如果我每隔两秒按一下大门的按钮，我的妻子在她的卧室里以同样的频率

---

[1]《人的本性》第一版（1940）。

[2] 电影就是这样的方法产生连续画面的。

也按一次按钮，但和我轮流交替进行，厨房的门铃就会每秒响一次，就像我们中的一个人每秒按一次按钮，或者两个人每秒同时按一次按钮一样。然而，在第二个闪光实验中，情况并非如此。右眼看到的30次闪烁加上左眼看到的30次交替闪烁远远不足以消除闪烁的感觉。要达到消除闪烁的效果，需要两倍的闪烁频率，即，如果两只眼睛同时看，需要向右60次闪烁和向左60次闪烁。下面是谢林顿给出的结论：

> 把两只眼睛观察结果结合起来的不是大脑机制的空间连接……这更像是右眼和左眼的图像是由两个观察者分别看到的，再把两个观察者的意识合二为一。就好像右眼和左眼的视觉是单独接受的，然后在心理上结合成一个……就好像每只眼睛都有独立的感觉中枢，在这种感觉中枢中，以这只眼睛为基础的心理过程已发展到相当完全的知觉水平。从生理学上讲，这相当于一个视觉次级大脑。有两个这样的大脑，一个负责右眼，一个负责左眼。提供他们意识上合作的似乎是行动的同时性，而不是结构上的联合。①

下面是他的综合性考虑，我选出了其中最具特色的段落：

> 是否存在基于几种感觉的独立的次级大脑？在大脑皮层，古老的五种感官并没有不可分割地相互融合，并受更高层次机制的控制，我们很容易发现，每一种感官都在各自的范围内独立作用。意识究竟是不是一组准独立的知觉意识的集合，大体上是由经验的

---

① 《人的本性》第一版（1940）。

时间顺序在心理上整合的……

当这是一个"意识"问题时，神经系统并不会整合在一个柱状细胞上。相反，它作用于上百万个小单元，其中每个单元都是一个细胞……由更小生命单元组成的具体生命虽然是一个整体，却表现出了它的叠加特性，并显示出了自身是由许多微小生命单元共同作用的产物……当我们谈及意识的时候，这一切都是虚无的，单个细胞绝不是一个微型大脑，身体的细胞构成不需要任何来自"意识"的指令……一个占据主导地位的单一神经元细胞，无法比大脑皮层的众多细胞更能保证意识反应具有统一的非合成性质。物质和能量在结构上是由粒状物质组成的，生命也是如此，但意识却不是这样的。

上面引用的是令我印象最深刻的段落，谢林顿对生物体结构的真实情况有着深入的了解，并努力去解决这种悖论，他没有试图隐藏或搪塞这个问题（许多人会这么做），而是毫无避讳地将它公之于众。他清楚地知道，这是推动科学或哲学中问题接近解决的唯一途径，用"好听"的语言来粉饰它，只会阻碍进步，使问题长期得不到解决（虽然不是永远，也是直到有人识破这种欺诈行为）。

谢林顿提出的悖论也是一种算术悖论，一种数字悖论，它与我在本章前面提到的那个悖论很相似，但并不完全相同。简单地说，前一个悖论是由许多意识的经验结合而成的一个世界。而谢林顿的悖论是单一的，表面上以许多细胞生命或许多次级大脑为基础，每一个次级大脑都有相当高的地位，以至于我们不得不把它与潜意识联系起来。然而我们知道，潜意识和多重意识是一个荒谬的怪物，在任何人的经验中都没有对应，也无法想象。

我认为这两个悖论都将通过（我不会试图在此时此地解决它们）把东方的"同一性"学说融入西方的科学结构的方法得到解决。各种意识就其本质而言是一个奇异的一体多相，我应该说：意识的总和就是"一"。我冒昧地认为它坚不可摧是因为它有一个特殊的时间表，即意识总处于是"现在"。意识没有以前和以后，只有一个包含回忆和期待的现在。我承认我们的语言不足以表达这一点，可能有人会认为我现在谈论的是宗教而不是科学，然而，我谈的内容并不违反科学，且受到了客观公正的科学成果的支持。

谢林顿说："人类的意识是我们这个星球最新的产物。"[1]

我同意这个观点，如果去掉第一个词语"人类的"，我就不再同意，我们在第一章中讨论过这个问题。如果你认为，那种反映世界的沉思的意识，只有与一种非常特殊的生物学装置（大脑）有关的时候才会偶然出现，而这种装置本身显然担负着某些生物生存的必需装备，从而有利于它们的保存和繁殖，这种观点显得很奇怪，甚至可以说是荒谬的。有些生物是后来者，在它们之前有许多其他的生命形式，它们没有那种特殊的装置（大脑）来维持自己。只有一小部分（如果按物种来算的话）开始拥有"大脑"。在此之前，这一切是否应该是一场无人观看的表演？我们是否可以称这个没有人考虑过的世界为世界呢？当一个考古学家重建一座古老的城市或一种文化时，他对人类在那个时代的生活感兴趣，如当地人的行为、感觉、思想、感情。但对于一个存在了数百万年却没有人意识到它、思考过它的世界，还有什么意义

---

[1] 引自《人的本性》。

吗？它真的存在吗？不要忘记：世界的发展可以反映在一个有意识的心灵中。这不过是早已过时的一种言论、短语或比喻罢了。世界只出现一次，没有任何东西被反映出来，原像和镜像完全相同，在时空中延伸的世界只是我们的表象。经验并没有给我们任何关于世界面貌的线索，伯克莱很清楚这一点。

但是这个已经存在了数百万年的奇妙世界，偶然地创造了可以观察自身的大脑，这几乎是悲剧的延续，我想再次引用谢林顿的话来描述：

> 我们得知宇宙的能量正在减少，注定要走向一种最终的平衡，一种生命无法存在的平衡。然而生命却在不断地进化，我们周围的星球使得生命不停地进化，而且还在持续进化。意识也随之进化，如果意识不是一个能量系统，宇宙的衰退会对它产生怎样的影响呢？意识能毫发无损吗？据我们所知，有限的意识总是依附于一个运行的能量系统。当能量系统停止运转时，与它一起运转的意识又会怎样呢？无论过去还是现在我们一直苦心经营的意识世界，会让意识消失吗？①

这样的观点令人感到不安，令我们困惑的是意识所扮演的双重角色。一方面，它是整个世界过程中的唯一舞台，或者说，它是一个包含整个世界的容器，而容器外面什么也没有。另一方面，我们有一种印象，也许是一种误导的印象，认为在这个忙乱的世界里，意识与某个非常特殊的器官（大脑）密切相关。这些器官虽然是动植物生理学中最精巧的装置，但并不是独一无二

---

① 引自《人的本性》。

的，就像其他许多动物一样，它们的作用毕竟只是为了维持拥有者的生命，也正是因为如此，它们才在物种的自然选择过程中得到了发展。

有时画家在他的画作中，或诗人在他的长诗中，会引入一个毫不掩饰的次要人物，这个人就是他自己。因此，我认为《奥德赛》的作者把自己当作了诗中的盲人诗人，就是那个在费阿克斯人的大厅里唱着"特洛伊战争"的盲人吟游诗人，他把受到重创的英雄们感动得热泪盈眶。同样在《尼布龙之歌》中，当尼布龙人穿越奥地利的土地时，遇到了一位被怀疑是整部史诗的作者的诗人。在杜勒的《万圣图》中，空中的三位一体周围聚集着两圈信徒，第一圈是天上的诸神，第二圈是地球上的人类。前者中有国王、皇帝和教皇，但如果我没有弄错的话，也有艺术家本人的肖像，一个不引人注意的、谦卑的侧身像。

对我来说，这似乎是意识令人困惑的双重作用的最好比喻。意识是创造整个作品的艺术家；然而，在完成的作品中，它只是一个微不足道的角色，即使没有它也不会影响整体效果。

抛开这些比喻，这里面对的是一个典型的悖论，其原因是我们还没有成功地阐述出一种可理解的世界观，且把我们的意识——世界图像的生产者，从世界中抽离出来，那么，意识在世界中就没有立足之地。毕竟，将意识强加于世界必然会产生一些悖论。

前面我描述过这样一个事实：由于同样的原因，物质世界的图像是无色、无声、无形的，缺乏构成认识主体的一切感觉属性。出于同样的原因，科学世界缺乏或被剥夺了一切只有与有意识的思考、感知和感受主体有关的意义。我首先想说的是伦理和美学价值，任何在此范围或与此相关的价值。这一切不仅是在物质世界是不存在的，而且从纯粹科学的观点来看，也不能作为一部分进入科学世界。如果你想把它放进去，就像一个孩子在未着色的油画涂鸦一样，它是不合适的。因为任何有意无意地进入这个世界的东西，必须以对事实作出科学论断的形式，但这样仍然是错误的。

生命本身就是宝贵的，"敬畏生活"是阿尔伯特·史威泽的基本道德戒律之一。然而，大自然对生命毫不敬畏，就好像生命是世界上最廉价的东西。生命的数量多达数百万，但在大多数情况下，它们被迅速消灭或沦为猎物，这正是自然界不断制造新的生命形式的原因。"你不应该折磨他人，使他人遭受痛苦！"大自然对这条戒律一无所知，它的生物在永恒的争斗中互相折磨。

"世上本无好坏之分，是人的思维使然。"没有一件自然事物本身有好坏和美丑之分。价值缺失了，特别是意义和结果缺失了，大自然是不按目的行事的。我们在德语中说，某种生物在有意识地适应环境，这只是为了叙述的方便，如果从字面上理解，那就错了，因为在我们的世界观框架中只有因果关系。

最令人痛苦的是，所有的科学调查都对世界这个展览的意义和范围的问题保持绝对沉默。我们越用心地观察它，它就显得越无目的和愚蠢。那些正在进行的表演显然只有在与思考它的意识相关联时才有意义。但科学告诉我们，这种关系显然是荒谬的：似乎思维只是它正在观看演出的产物，当太阳最终冷却，地球成为冰雪荒漠时，意识就会随之消失。

让我在这里简单地提一下臭名昭著的"科学无神论"，显然，它也属于同一标题。科学不得不反复遭受这种指责，但这是不公平的。事实上，没有任何一个人的神，能够成为世界模型的一部分，这个世界模型之所以被接受，是以去除所有个人的东西为代价的。我们知道，当我们感觉到神的存在时，这和我们感觉到自己的性格一样真实。因此，和感觉、性格一样，在时空中找不到神，这是诚实的自然主义者告诉你的，他会因而受到那个信仰"神就是心灵"的人的责难。

第五章　科学与宗教

科学能提供宗教方面的信息吗？对于那些时常困扰着每个人的迫切问题，科学研究的结果能带给我们一种合理的、令人满意的态度吗？我们中的一些人，特别是健康快乐的年轻人，长期将这些问题搁置一边，一些年长的人因满足于没有答案的现状而放弃寻找，有些人则因为思维的限制而感到困惑不已，并受到从古至今迷信中的严重恐惧带来的困扰，我指的主要是关于"另一个世界""死后的生活"以及所有与之相关的问题。请注意，我当然不会试图回答这些问题，而只回答一个更简单的问题，即科学是否能为宗教提供有关信息，或有助于我们许多人对这些问题的不可避免的思考。

首先，它采用了一种轻松的且非常原始的方式。我曾看到过一些古老的版画和世界地图，包含了地狱、炼狱和天堂，所以我相信，地狱在深深的地下，天堂在高高的天空。这样的表现方法并不纯粹是讽喻性的（在后来的时期可能是这样的，如杜勒著名的《万圣图》），他们只是代表了当时一种非常流行的原始信仰。而今天没有任何一个教会要求信徒用这种唯物主义的方式来解释它的教义，而且会尽可能地阻止这种倾向。当然，这一进步得益于科学，我们对地球内部的了解虽然不多，但对火山的性质、大气的组成、太阳系的历史、星系和宇宙结构有相应的了解。任何受过教育的人，都不会指望在科学能够研究的领域找到这些臆想出来的事物，即使他们相信这些东西真的存在，也只会给它们以精神上的尊重。当然，我的意思并不是说科学的发现可以给宗教信徒带来某些启迪，而是这些发现有助于消除在这些事物上的迷信成分。

然而，这只是一种相当原始的精神状态，还有更有趣的地方。科学最重要的贡献是解决了"我们到底是谁？"这个令人困惑的问题。或者说"我从哪里来、要到哪里去"这些问题。在这方面，我认为科学给我们提供的最大的帮助就是让我们能够心神安定。说到这一点，我不禁想到三个人，他们是柏拉图、康德和爱因斯坦，尽管有时也会想起许多其他人，包括非科学家在内，如希波的圣奥古斯丁和波伊提斯。

柏拉图和康德都不是科学家，但他们对哲学问题的热忱，以及对世界的浓厚兴趣都源于科学。就柏拉图而言是来自数学和几何（在今天，将数学和几何放在同等地位可能是不合适的，但在他的时代却是如此）。是什么赋予了柏拉图的毕生事业的辉煌和无与伦比的成就，即使在两千多年后依然闪耀着光辉？据我们所知，他在数字或几何方面没有什么有价值的发现，他对物理和生命的物质世界的观点有时显得荒诞，完全不如早他一个多世纪的其他人（如泰勒斯、德谟克利特等）。在自然知识方面，他的学生亚里士多德和提奥弗拉斯都远远超过了他。除了他的忠实崇拜者，其他人认为他对话中的大段文字只是对词语的吹毛求疵，也无意定义一个词语明确的含义，在他看来，如果这个词在足够长的时间内被反复提及，这个词的意思就会不言自明。他曾试图在实践中推广社会和政治的乌托邦，但这不仅失败了还使他陷入了危险的境地。即便在今天，也很少有类似的崇拜者有过类似的不幸经历。那么是什么让他声名鹊起呢？

在我看来，这是因为他是第一个设想"永恒存在"这个概念，并把它作为一种比我们的实际经验更真实的现实来对抗理性的人。他认为所有经历过的现实都源于理性，是理性的影子。这里我说的是形式（或观念）的理论。那么，这个永恒的观念是如何产生的呢？毫无疑问，是因为他受到了巴门尼德和爱利亚派思想的影响。很明显这在柏拉图身上显得更加生动有趣，正如柏拉图自己比喻的：理性学习的本质是获得与生俱来潜在的知识，而不是发现全新的真理。然而，巴门尼德的永恒的、无所不在的、不变的"一"，在柏拉图心中却变成了一个更有力的思想——"理念论"。这一思想需要丰富的想象力，但仍是一个难解的谜题。但我相信，这种想法源于真实的体验，与之前的毕达哥拉斯学派和之后的许多人一样，他对数字和几何图形怀有崇拜和敬畏之情，才发现了这些原理。他认识到并很好地融入了这些思想的本质，这些思想是通过纯粹的逻辑推理来展开的，这使我们认识了事物间真正的关系，这种真理不仅是无懈可击的，而且是永远存在的，这些关系会一直保持。数学真理是永恒的，它不是当人类发现时才存在的。

　　然而，它的发现确实是一个非常重大的事件，它给人们带来的兴奋之情，如同得到了来自仙女的珍贵礼物。

　　举个例子，三角形（ABC）的三条高相交于一点（O点），如图13所示（三角形的高是指垂线，从一个角到与它的对边或其延伸的垂线）。乍一看，我们不明白它们为什么会相交于一点，而其他任何三条非垂线都不会相交于一点，它们通常会组成一个三角形。现在过每个角的顶点，画出对边的平行线，三条线形成更大的三角形 A′ B′ C′，如图14所示，它由四个相等的三角形组成。ABC的三条高在更大的三角形 A′ B′ C′ 中是三条边的中垂线，即它们的对称线。因此，在过C点的中垂线上，任意一点到

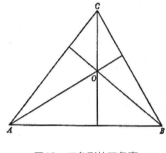

图13 三角形的三条高

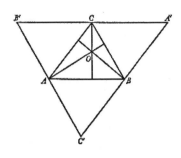

图14 三角形外的大三角形

A′点和B′点的距离都相等。同样，在过B点的中垂线上，任意一点到A′点和C′点的距离相等。因此，这两条垂线的交点到A′点、B′点、C′点的距离相等，因此，这个交点也一定位于过A点的垂线上，因为这条垂线包含了所有到B′点和C′点的距离相等的点。因此，命题得到证明。

除了1和2外，每个整数都是两个素数的中间值，或算术平均值，例如：

$$8=1/2（5+11）=1/2（3+13），$$

$$17=1/2（3+31）=1/2（5+29）=1/2（11+23），$$

$$20=1/2（11+29）=1/2（3+37）$$

如你所见，答案通常不止一个。这个命题被称为哥德巴赫猜想，虽然目前还没有被证明，但我们都认为是正确的。

把连续的奇数相加，你总能得到一个平方数。例如，先取1，1+3=4，1+3+5=9，1+3+5+7=16。实际上，用这种方法得到的总是相加的奇数个数的平方数。为了证明这种关系的普遍性，我们可以用算术平均数来代替距离中间等距的每一对的和（例如第一个和最后一个一组，然后第2个和倒数第2个一组等），算术平均数显然正好等于加数的个数；因此，上面的最后一个等式变为：

$$4+4+4+4=4 \times 4$$

现在我们来谈谈康德。他教授空间和时间的理论，这是他教学中最基本的部分，甚至可以说是最基础的部分，这已不再新鲜。就像大多数观点一样，既不能被证实，也不能被证伪，但这丝毫不影响人们对它的兴趣（相反它会激发人们的兴趣；如果它能被证明或被推翻，那就无关紧要了）。康德认为，空间的广延性和时间顺序的"前和后"，并不是我们所感知的世界的特性，而是有知觉的意识。这种知觉总是不由自主地以空间和时间为经验坐标，记录所有发生的事件。这并不是说，在没有任何经验的情况下意识就能理解和建立这些秩序，而是当事件发生时，不自觉地建立了这样的秩序，并把它们应用到经验中去。值得注意的是，这一事实并不能证明或表明，同样也不能像有些人所相信的那样：空间和时间是包含在产生经验的"物自体"中的一种内在秩序。

要证明上述观点的错误性并不难。没有一个人能区别知觉和引起知觉的事物本身，因为无论他对整个事物了解得多么详细，事物只发生一次。重复出现只是一种比喻，只出现在与他人甚至动物的交流中，在相同情况下，他们的感知似乎与我们自己的非常相似，除了在关注点——字面意义是"思维投射点"上有细微差异。即使假定这种体验迫使我们像大多数人那样，把客观存在的世界看作我们意识的来源，我们又怎能断定所有经验的共同特征是由于我们意识结构所决定的，而不是源于所有这些客观存在的事物所共有的特点呢？不可否认，我们的感知构成了我们对事物的认识。无论这个客观世界多么自然，它仍然只是一个假设而已。如果我们真的接受了这个客观世界，那么，我们从中感受到的一切都要归因于外部世界，而不是我们本身，就是自然的事情了。

　　然而，康德这句话的重要之处，并不在于在"意识创造世界"的过程中，合理地分配了意识及世界各自扮演的角色，因为正如我刚才所指出的，这两者是很难区分的。康德理论的精华之处在于：意识和世界很可能以一种不包括时间和空间，且我们无法理解和掌握的形式表现出来，这意味着我们已经从根深蒂固的偏见中解脱出来了。除了时空形式之外，事物可能还有其他的表现形式。这一点是叔本华第一次从康德的著作中读出来的。这种解脱为宗教信仰敞开了大门，避免了现实世界的经验和朴素思想的相抵触。例如，谈到我们知道的关于经验的一个非常重要的例子，这无疑违背了这样一种观点，即经验随着肉体的毁灭而消失，它与肉体的生命密不可分。那么，生命结束之后是否什么都不存在了呢？并非如此，不是因为经验必须发生在时间和空间中，而是在时间不起作用的秩序中，"以后"这个概念是没有意义的。当然，纯粹的思维不能使我们保证有那样的形式存在，但它可以消除逻辑上的障碍，得出存在这种形式的可能性。在我看来，这就是康德的分析在哲学上的重要意义。

　　现在，就同样的话题谈谈爱因斯坦。康德对科学的态度是令人难以置信的天真，如果你翻阅他的《科学的形而上学基础》，你就会同意这一点。他认为在他的一生中（1724—1804年），当时物理学是已经达到了顶峰的学科，于是便急于从哲学角度对物理学的成果加以阐述，在一位伟大的天才身上发生这样的情况，令人扼腕叹息，这也让后来的哲学家引以为戒。他清楚地说明空间是无限的，而且坚信空间被赋予欧几里得的几何特性应该归功于意识的特性。在这个欧几里得空间中，拥有可塑性的物质不断变动，并随着时间的流逝不断改变着形态。对康德来说，就像他那个时代的任何物理学家一样，空间和时间是两个完全不同的概念，所以他毫不犹豫地称空间是我们外在直觉的形式，而时间是内在直觉的形式。认识到欧几里得的无限空间不是了解我们经验世界的必由之路，空间和时间更应该被看作是一个四维的连续的统一体，这似乎否定了康德理论的基础，但实际上并没有影响他哲学中有价值的部分。

提出这一观点的人是爱因斯坦（以及其他几个人，如洛伦兹、庞加莱、闵可夫斯基）。他们的发现对哲学家、普通人都产生了巨大的影响，因为他们让世人知道了时间与空间的关系。即使在我们的经验里，时空的关系也比康德设想的复杂得多，在这方面，所有以前的物理学家、普通人想象的都复杂得多。

新的观点对以前的时间概念产生了强烈的影响。时间是"先和后"的概念。新观点源于以下两个论点：

（1）"先和后"的概念是建立在因果关系上的。我们知道，或至少已经形成了这样的想法，事件A可以导致，或至少改变另一个事件B，所以如果没有事件A，就没有事件B，至少不是这种改变后的形式。例如，当炮弹爆炸时，在它上面的人会被炸死，而且在远处也能听到爆炸声。人被炸死与爆炸可能同时发生，而在远处听到的声音会较晚，但毫无疑问，这些结果都不会发生在爆炸之前。这是一个基本的概念，事实上，在日常生活中，那些事后发生或至少不先发生的问题，都是基于这种因果关系来判断的，这种事件先后的区别完全基于结果不能先于原因的观点。如果我们有充分的理由认为事件B是由事件A引起的，或至少显示出事件A的痕迹，或（从一些间接证据）可以推论出事件A的痕迹，那么事件B就不会早于事件A。

（2）实验和观察证据表明，结果不会以无限快的速度传播。这里的上限就是光在真空中的传播速度。对人类来说，光速是非常快的，每秒可绕赤道7圈。然而，光速（符号表示为c）再高，也是有限的，这是自然的基本事实。由此可见，上述区分"前与后"或"早与晚"（基于因果关系）并不是普遍适用的，它在某些情况下是行不通的，用非数学语言难以解释，并不是说这个数学理论有多复杂，而是日常语言是有时间概念的，比如使用某个动词时，总是包含了过去、现在或将来的某个时间点，因此容易给人们造成先入为主的印象。

　　这里有一个简单但并不是很恰当的想法。给定一个事件A，然后发生事件B。在以后的任何时候，事件B位于以事件A为中心、半径为ct的圆外，如图15所示。那么事件B就不能受到事件A的任何影响，当然，事件A也不能对事件B产

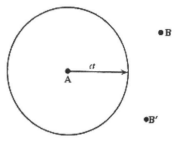

图15　事件"先和后"概念

生任何影响。这样，我们前面的判断就被推翻了。当然，根据我们使用的语言，我们把事件B称为后面发生的。但如果判断标准都不成立我们这样做还是对的吗？

　　假设在圆外的先于事件A的事件B'（通过时间t），在这种情况下，就像以前一样，事件A也不能对事件B'产生任何影响（当然，事件B'也不能对事件A产生任何影响）。

　　因此，在这两种情况下，两个事件互不干涉。在他们与事件A的因果关系上，事件B和事件B'并不存在差异，因此如果排除语言的因素，以这种关系作为判断先后的基础，那么事件B和事件B'就构成了一类既不比事件A早也不比事件A晚的事件，我们将这类事件占据的时空称为与事件A相关的"潜在同时性领域"。

因为总有一个"时空坐标系"使事件A与事件B或事件B′同时发生。这就是爱因斯坦的发现（1905年被命名为狭义相对论）。

对我们物理学家来说，这些成果已经成为非常具体的真理，我们在日常工作中使用它们，就像我们使用乘法表或在直角三角形上使用毕达哥拉斯定理一样。我有时会好奇为什么它们会在普通大众和哲学家中引起如此大的轰动。我想是因为它废除了时间这个从外部强加给我们的"暴君"，使我们从牢不可破的"先和后"的规则中解放出来。因为时间的确是我们最严厉的主人，它把我们每个人的生存限制在狭窄的期限内——七八十年，就像《旧约圣经》前5卷中描述的那样，"时间表"不容许做任何更改。到了现在，尽管只是小幅度的延长寿命，也会让我们感到慰藉，由此我们产生了一个新认识，我们的寿命并非不可改变，这样的看法像是一种宗教的思想，也可以认为是宗教的唯一思想。

爱因斯坦并没有像我们有时听到的那样，去揭穿康德关于空间和时间理念化的深刻思想的谎言，相反，爱因斯坦在他的基础上向前迈出了一大步。

我曾谈到柏拉图、康德和爱因斯坦对哲学观和宗教观的影响。在康德和爱因斯坦之间，大约比爱因斯坦早一代人，物理学见证了一个重大事件，它本可以激起哲学家、普通人的思想，即使没有相对论引起的效应强烈，但至少和相对论一样。但事实并非如此，我想是因为这种思想的更难以理解，在这三类人中，很少有人掌握了这种思想，至多只有一两个哲学家。这一事件与美国人威拉德·吉布斯和奥地利人路德维希·玻尔兹曼联系在一起。下面来谈谈这究竟是怎么回事。

除了极少数的例外，自然界事物的发展是不可逆的。如果我们试图想象一个与实际观察到的现象完全相反的现象，就像电影院倒着放映的电影，这种逆序现象虽然很容易想象，但几乎总是与公认的物理学定律严重矛盾。

所有事物的一般"方向性"都可以用热力学或统计理论来解释，这一解释理所当然地被誉为最令人钦佩的成就。我无法在此详述这一理论的细节，掌握这个解释的要点，也没必要详述细节。如果把不可逆性仅仅作为原子和分子微观机制的基本属性，这是远远不够的。这并不比中世纪的纯口头解释要好，例如：火是热的，因为它的火的性质。根据玻尔兹曼的观点，任何有序状态都有向无序状态转变的自然趋势，但反过来并不成立。以一套被精心排列的扑克牌为例，按7、8、9、10、J、Q、K和A的顺序整理红心扑克，然后按同样的顺序整理方块以及其他花色。如果把这套有序扑克牌洗牌一次、二次或三次，扑克牌将逐渐变成一个随机集合，但这并不是洗牌过程的固有属性。洗牌后的无序扑克牌，不难想象，肯定存在某种洗牌方式，它将完全抵消第一次洗牌的效果，使其恢复原始顺序。可是每个人都只有牌被洗乱的期望，没有人会想着后面一种洗牌结果的出现，若此，可能要等很长时间才能看到这种情况偶然发生。

这就是玻尔兹曼对自然界中发生的一切事件的单向性（当然包括有机体从出生到死亡的生活史）的解释的要点。它的优点就是"时间之箭"（爱丁顿的称呼）并没有被运用到互动机制中，在我们的例子中，互动机制为洗牌行为。这种洗牌行为，与过去和未来无关，它本身是完全可逆的。而"时间之箭"中过去和未来的概念是由统计学得出的。在关于扑克牌的比喻中，重点是扑克牌只有一种或非常少的几种有序排列，而无序排列的扑克牌却数不胜数。

然而，这个理论一再遭到反对，有时还遭到非常聪明的人的反对。反对意见可归结为：这个理论在逻辑上是站不住脚的。因为，如果基本机制不区分时间的两个方向，而是在时间上完全对称，那么在任何一个方向上出现的行为，必然在相反方向上也会同时出现，为何会产生明显倾向于一个方向的群体行为呢？

如果这个论点是正确的，它会对玻尔兹曼理论造成致命的冲击。因为它的目标正是该理论的主要优点：从可逆的基本机制推导出不可逆的过程。

上述看法完全站得住脚，但不会给玻尔兹曼理论带来致命冲击。它断言对一个时间方向成立的东西也对相反的时间方向成立，时间从一开始就作为一个完全对称的变量被引入。但绝不能草率地认为它对两个方向都适用。这里必须谨慎措辞，在任何特定情况下，它对一个或另一个方向都成立。对此，我们必须补充一点：就我们所了解的这个世界，"耗散"（引用一个偶尔被使用的短语）是朝着一个方向发生的，我们称之为从过去到未来的方向。换句话说，统计热力学必须由它自己的定义来决定时间的流动方向（这对物理学家的研究方法产生了重大的影响。他绝不能引入任何独立决定时间箭头方向的事情，否则玻尔兹曼的魅力大厦就会倒塌）。

人们可能担心，在不同的物理系统中，统计定义并不总是导致相同的时间方向。玻尔兹曼毫不避讳这种可能性，他认为，如果宇宙足够扩展，或存在足够长的时间，那么在世界的遥远地方，时间可能实际上是朝着相反的方向运行的。这一点引发了争论，但不值得再争论下去。玻尔兹曼不知道对我们来说什么是极有可能的，也就是说，我们所知道的宇宙既不够大，也不够老，从而不足以引起大规模的逆转。请允许我在不作详细说明的情况下补充一点，在非常小的范围内，无论是在空间上还是在时间上，都观察到了这种时间逆转［布朗运动，斯莫卢霍夫斯基（Smoluchowski）的理论］。

　　在我看来，"时间统计理论"对哲学的影响甚至比相对论更大。后者虽然引起了巨大的变革，却没有影响它所预设的时间的无方向流动。而统计理论则是由事件的先后顺序来构建时间的方向性，意味着从时间这位旧时暴君的统治下解放了出来。所以我觉得，我们在头脑中所构建的东西，无法对我们的意识进行独裁的统治，既不能产生意识，也不能消灭意识。我相信你们中的一些人会称这些为神秘主义。依赖于某些基本的假设，物理学理论在任何时候都是相对的，因此我们可以断言，目前的物理理论已有力地证明，时间无法摧毁意识。

第六章

感知的奥秘

　　在这最后一章中，我想更详细地说明在阿布德拉的德谟克利特的一个著名片段中，已经提到的非常奇怪的情况：一方面，我们对周围世界的所有知识，无论是从日常生活中获得的，还是通过精心设计的科学实验所揭示的，都完全依赖于直接感觉；另一方面，这种认识无法揭示感知与外界的关系，因此，在我们以科学发现为基础所形成的外部世界的图景或模式中，并没有涉及感知的部分。我相信，这句话的前一部分很容易被大家所接受，而后半部分可能不那么容易被理解，只是因为大众崇尚科学，并相信科学家能够通过"令人难以置信的精确方法"，揭示普通人不可能也永远无法探知的事物的本质。

　　如果你问一位物理学家什么是黄光，他会告诉你，黄光是波长在590纳米（nm）左右的横向电磁波。如果你接着问他：黄色是从哪里来的呢？他会说："在我的概念中，并没有'黄'，'黄光'是波长590纳米电磁波刺激人的眼睛视网膜时，会使人产生一种发黄的感觉。"进一步探究，你可能会听到不同的波长产生不同的颜色感觉，但并不是所有波长的光都是这样，只有波长在400纳米到800纳米之间的电磁波才会这样。对物理学家来说，人眼不可见的红外线（大于800纳米）和紫外线（小于400纳米）与肉眼可见的800～400纳米光波的本质几乎是一样的。人眼对这种能感知的特殊波长的选择是如何产生的呢？显然这是对太阳辐射的一种适应，太阳辐射在这一波长区域最强，在两端减弱。此外，眼睛可见的最明亮的颜色感知，即黄色，对应着可见光范围内太阳辐射的最大值（在上述区域内），即峰值。

我们可能还会问：只有波长590纳米左右的电磁波能产生黄色感觉吗？答案是否定的。如果760纳米的光波（本身产生红色的感觉）和535纳米的光波（本身产生绿色的感觉）按一定比例混合，照射在视网膜上，这种混合产生的黄色与波长590纳米产生的黄色无法区分。两个相邻的区域，一个被混合光照射，另一个被单光谱光照射，效果看起来完全一样，无法区分。这能从波长中预判吗？是否与光波的这些客观的物理特征有数值上的联系？事实并非如此。所有这类混合光的对应图表都是根据经验绘制的，我们称为原色三角形。但它不仅仅与波长有关，两种光谱的混合不与它们中的任何一个光谱相同。例如，光谱两端的"红色"和"蓝色"混合产生的"紫色"不属于任何一种单色光谱。此外，原色三角形因人而异，但差别很小，对有些人则差别很大，这些人被称为三色视觉异常的人（他们不是色盲）。

颜色的感觉不能用物理学家对光波的客观描述来解释。

如果生理学家对视网膜的生理过程，以及由视网膜在视神经束和大脑中建立的神经活动有更充分的了解，他能解释我们对于色感的疑惑吗？我认为很难。我们最多只能获得一种客观的知识，知道什么神经组织被刺激，以多大比例被刺激，甚至可以准确地知道，大脑在某个方向或某个区域感知到黄色时，它们在脑细胞中产生的过程。但即使有如此深入的了解，也不能解释任何关于颜色的感觉，尤其是黄色的感觉。同样导致甜味或其他感觉的生理过程也是如此。简单地说，任何一种神经活动的客观描述中都没有"黄色"或"甜味"感觉特征的阐述，就像对电磁波的客观描述中很少包含这些感觉特征一样。

　　其他的感觉也是如此。把我们刚才讨论过的对颜色的感觉与对声音的感觉进行比较是很有趣的。通过在空气中传播的压缩和膨胀的弹性波传递给我们，它们的波长，或者更准确地说是频率决定了听到的声音的音调。（注：生理学上的音调与频率有关，而与波长无关，对于光也是如此。但实际上，频率、波长两者互为倒数，因为在真空和空气中光的传播速度没有明显差别。）当然，"可听到的声音"的频率范围与"可见光"的频率范围相差甚远，它的频率范围从16赫兹到20000赫兹不等，而光的频率范围是数亿赫兹。然而，声音的范围要宽得多，它包含大约10个八度（而"可见光"几乎只有一个八度）；此外，不同的人对这种变化的感觉不相同，特别是随着年龄的增长，音高的上限会有规律地大大降低。

　　但声音最显著的特征是，几个不同的频率混合时，永远不会合成一个中间音调，而一个中间频率可以产生一个中间音调。在很大程度上，叠加的音调虽然是同时被感知的，但对于精通音乐的人来说，甚至能分辨出两种相近音调的细微差别。许多不同质量和强度的高音调（泛音）混合，形成所谓的音色。通过音色，哪怕只是一个音符，我们也可以区分小提琴、号角、教堂钟、钢琴……即使是噪声也有音色，从音色我们可以推断出正在发生的事情。就连我的宠物狗也熟悉某种铁盒打开时的声音，因为我偶尔会从里面拿一块饼干。其中，合成频率的比率对于音色是非常重要的。如果它们都以相同的比例变化，就像播放留声机唱片太慢或太快一样，你仍然能听出是哪一张唱片。然而，声音中的某些特性也与某些分量的绝对频率有关。如果一张含有人声的留声机唱片播放得太快，元音会明显发生变化，比如是"car"中的"a"会变成"care"中的"ε"。一个包括连续频率范围的声音总是令人不愉快的，无论是否有顺序，就像警报声或嚎叫的猫，或是它们的同时发出（这很难实现），除非是一群警报器或一群嚎叫的猫同时发声可能改变我的看法。这与光的感知是完全不同的，我们通常看到的所有颜色都是由连续的光混合产生的。无论在一幅画还是大自然中，色彩的连续渐变有时是极美的。

我们对听觉产生的主要过程十分清楚，是因为我们对耳朵的生理构造的了解。这比对视网膜的生理结构的了解要丰富和准确得多。耳朵的主要器官是耳蜗，是一种盘绕的骨管，类似于某种海螺的外壳：一个微小的螺旋楼梯，随着"上升"而变得越来越窄。穿过旋转楼梯的弹性纤毛被拉伸，形成膜，膜的宽度（或单个纤毛的长度）从"底部"到"顶部"逐渐变窄。因此，就像竖琴或钢琴的琴弦一样，不同长度的纤毛对不同频率的振动做出机械反应。在一定的频率下，膜上的一小块区域，不仅是一根纤毛，会有反应，在更高的频率下，膜上纤毛较短的区域会有反应。一定频率的机械振动必须在每一组神经纤毛中形成神经脉冲，这些神经脉冲被传递到大脑皮层的某些区域。我们知道，所有神经的传导过程都是一样的，只是随着脉冲强度的变化而变化；而强度影响脉冲的频率，注意，这里不能将脉冲的频率与声音的频率混淆，两者之间没有直接关系。

但情况并不像我们想象的那么简单。如果让一个物理学家根据人类的具有极好辨识度的耳朵来设计一种耳朵，他可能会设计出多种结构迥异的耳朵。如果耳蜗上的每一根"弦"只响应传入的一个明确频率的振动，那就更简单易行了，但事实并非如此。为什么呢？因为这些"弦"的振动受到了很强的阻尼，会扩大使他们产生共振的频率范围。物理学家为了提高耳朵对不同频率声波的识别能力，必然会尽可能小地减少阻尼，这将产生一个可怕的后果：当产生声音的波停止后，对声音的感知不会立即停止，它会一直持续到耳蜗中阻尼极小的共振器停止，提高音调的辨别率可以通过牺牲前后声音的及时性来实现。令人费解的是，我们的耳朵以最完美的方式协调了这两者。

我在这里讲一些细节，是为了让大家认识到，无论是物理学家还是生理学家，他们的描述都没有包含任何关于听觉的特征。任何这类的描述都必然以这样一句话结尾：这些神经刺激被传导到大脑的某个部分，在那里它们被记录为一系列声音。我们可以跟踪空气中的压力变化，当它们产生耳膜振动时，我们可以看到它是如何通过一串细小的骨头转移到另一层膜上，并最终转移到耳蜗内部由不同长度的纤毛组成的部分膜上的。我们可以理解，这种振动纤毛是如何在它所接触的神经纤毛中建立起电和化学传导过程的。我们可以跟踪这种传导到大脑皮层，甚至对那里发生的一些事情有一些客观的认知。但是，我们在任何地方都找不到这种"记录为声音"的东西，因为它根本不包含在我们的科学图景中，而只存在于我们谈论的那个人的耳朵和大脑里。

我们也可以用同样的方式来讨论触觉、冷热感、嗅觉和味觉。后两种感觉，有时被称为化学性感觉（嗅觉可以用来识别气体，味觉可以用来识别液体），它们与视觉有一个共同点，即只能对无限多种刺激中的有限种感觉作出反应，例如味觉只是对苦、甜、酸、咸以及它们一些混合物的味道。我认为，嗅觉比味觉更丰富，特别是某些动物的嗅觉比人的要灵敏得多。动物的感觉会因物理或化学刺激源的客观特性的变化而变化，且不同动物之间有很大的差别。例如，蜜蜂的颜色视觉可以看到紫外线，它们是真正的"三色视者"（而不是"二色视者"，因为在早期的实验中没有注意到紫外线）。非常有趣的是，不久前慕尼黑的冯·弗里施（Von Frisch）发现，蜜蜂对光的偏振特性敏感，这有助于蜜蜂以一种令人费解的精确方式通过太阳进行定位。人类无法区分完全偏振光与普通的非偏振光。人们发现，蝙蝠对极高频声波（超声波）的感知能力远远超过人类听觉的上限，它们可以自己发出超声波，并作为"雷达"以避开障碍。人类对冷或热的感觉在极端条件下表现出的一个奇怪特征：如果无意中触摸到一个非常冷的物体，我们可能会在瞬间认为它是热的，甚至还有被高温灼伤的感觉。

大约二三十年前，美国的化学家们发现了一种奇怪的白色粉末化合物，化学名称我已经忘记了，有些人觉得它无味，有些人却觉得极苦。这一事实引起了人们的极大兴趣，并进行了深入的研究。"品尝者"（对于这种特殊物质）的味觉是每个人固有的，与其他条件无关。而且，它的遗传方式与血型特征的遗传相似，遵循孟德尔定律显性遗传特性，是否能够品尝出味道似乎并没有什么好处或坏处。在我看来，这种偶然发现的物质不可能是独一无二的，这可能也证实了"人的味觉因人而异"这一观点。

现在让我们回到光的例子上，对光的产生方式以及物理学家如何得出光的客观特征作略微深入的探讨。我想大家都知道，光通常是由电子产生的，特别是原子原子核周围的电子。电子既不是红的，也不是蓝的，也不是其他颜色的；氢原子的原子核质子也是如此。但物理学家发现，一个电子和一个质子的结合形成氢原子，会产生某种离散的波长阵列的电磁波。这种电磁波被棱镜或光学光栅分解时，能让观察者产生红、绿、蓝、紫的色感，这些视觉生理过程的性质是非常清楚的，可以断言它们不是红、绿或蓝。事实上，神经元件在受到刺激时不会显示出颜色；无论是否受到刺激，神经细胞表现出的都是白色或灰色，与其是否受到刺激或是产生色感，毫不相干。

然而，我们对氢原子辐射和这种辐射的客观物理性质的了解，源于对发光氢原子光谱的分析。对氢原子有色谱线的观察是我们获得基本知识的途径，但绝不是完整的知识。为了达到这个目的，必须消除人类的主观感受，这个典型例子中就是关于色感的。颜色本身并不能说明波长的特性，事实上，我们早已知道，例如，分光镜能将混合光按光的波长对应到光谱中的特定位置，一条黄色的光谱线可能不是物理学意义上的"单色"，而是由许多不同波长的光组成的。光谱中一定位置对应一定波长的光，在特定位置出现的光，无论来自什么光源，颜色总是完全相同的。即便如此，我们对于颜色的感觉并没有提供任何直接的线索来推断光的物理性质和波长，人类对颜色的辨别能力相对较差，这无法让物理学家满意。然而情况正好相反，我们可以认为，蓝色的感觉是受到长波的刺激引起的，红色的感觉是受到短波的刺激引起的。

为了探索来自任何光源的光的物理性质，我们必须使用一种特殊的分光镜，即衍射光栅。用三角棱镜是不行的，因为无法事先知道它在什么角度下折射不同波长的光，不同材质的三角棱镜折射度也不同。事实上，仅仅使用三角棱镜，你甚至不知道更强的偏移对应更短的波长。

衍射光栅的理论比三角棱镜的理论简单得多。依据光的基本假设，光是一种波动现象，如已测量出每英寸光栅上等距刻线的数量（通常是300~1500条每毫米），就可以得出给定波长的确切偏移角。反过来，你可以从"光栅常数"和偏移角推断出波长。在某些情况下（特别是在塞曼和斯塔克效应中），一些光谱线是偏振的。对此人眼是不敏感的，要研究这方面的物理性质，在分解光束之前，需要在光束路径上放置一个偏光器（尼科尔棱镜），当沿其轴缓慢旋转时，由于尼科尔镜的某些方向（指示其偏振或部分偏振的方向（与光束正交），某些谱线会熄灭或降低到最小亮度，我们就可以结合偏振镜的起偏方向，判断出光的偏振方向。

这种技术一旦成熟，就可以扩展到可视区域以外的范围。发光气体的光谱线绝不仅限于物理上无法区分的可见区域，这些谱线形成了理论上的若干"线系"。每个序列的波长符合简单的数学规律，这是它特有的，它在整个序列中都是一致的，而序列中恰巧位于可见区域的那部分没有区别。这些数学规律最初是根据经验发现的，但现在已经可以用理论来证明了。

当然，在可见区域之外，必须用感光板进行观测。波长是用长度测量的方式得到：首先，计算光栅常数，即相邻刻线之间的距离（单位长度上的刻线数的倒数），然后测量感光板上的线的位置，再结合已知的仪器尺寸，就可以计算出偏移角。

这些都是众所周知的事情，但我想强调两点，它们对各种物理测量都有重要的意义。

人们认为：随着测量技术的改进，观察者逐渐被越来越精密的仪器所取代。事实上，观察者不是逐渐被取代的，而是从一开始就被取代。前面已解释过，观察者对被观察物体的色彩的感知并不能为研究它的物理性质提供任何线索。引入测量光栅和测量一定长度和角度的装置后，我们才获得了光及其组成和物理性质的一些粗略的知识。这种方法在后来逐渐得到完善，从认识论角度看，无论仪器性能有了多大改进，其本质功能并没有变化。

第二点是，观察者永远不会被仪器完全取代，因为如果观测活动完全没有观测者的参与，也不可能获取任何知识。科学测量需要制造相关的仪器，并且在制造完成后仔细测量仪器尺寸和标度，在测量前还必须校准部件的精度（如圆形角度仪的支撑臂绕着一个锥形销旋转）。的确，对于其中一些测量和检测，物理学家需依赖于生产和提供仪器的工厂。然而，所有这些信息最终还是要依靠人的感官来感知，尽管可能已经使用了许多精巧的装置来保障功能的实现。最后，在使用仪器进行检测时，观察者必须记录仪器上的数据，无论是在显微镜下测量的角度或距离的读数，还是记录在感光板上的光谱线之间的读数。许多精密的设备可以改善这项工作，例如通过透明板的光度测量技术可以产生谱线位置放大图，但它们必须被观察者的感官所感知。即使是最精确的记录，如果不仔细观察，也不能得出任何结论。

　　回到前面提到的奇怪情况。虽然对现象的直接感知没有告诉我们任何关于它的客观物理性质，从一开始感知就不能作为信息来源，但我们最终获得的理论图景完全依赖于一系列错综复杂的信息，所有这些信息都是通过直接感知获得的。当然这些理论模型没包含感官知觉的成分，但它是建立在理论模型的基础上，在利用这些理论模型时，我们往往忽略了感官知觉。唯一的例外是我们知道光波的概念，不是一个偶然发明，而是建立在实验基础上的。

　　当我发现早在公元前5世纪，伟大的德谟克利特对这种情况就已经解释得清清楚楚时，我感到很惊讶，因为当时的测量仪器远远不能与前面提到的那些仪器相比（而这些仪器是我们这个时代使用的最简单的仪器）。

　　盖伦努斯为我们保存了德谟克利特一个著名片段（《夜书》，片断125），其中介绍了理性（διάνοια）与感性（αἰσθήσεις）关于究竟谁是"真实"的争论。理性认为："表面上有颜色、甜、苦等表现，实际上只有原子和虚空才是真实存在的。"感性反驳道："可怜的理性，你想借用我们的证据来打败我们吗？你的胜利就是你的失败。"

在这一章中，我试图从最基础的科学，即物理学中举几个简单的例子，来对比两个普遍的事实：（1）一切科学知识都是以感知为基础的；（2）以这种方式形成的自然现象的科学观点，仍然不包含感知的成分，因此不能解释相关的感知。最后，我作一个简单的总结。

科学理论有助于对我们的观察和实验结果进行检验。每个科学家都知道，至少在还形成一些初步的理论之前，客观真实的描述一个广泛存在的事实是多么困难。这就是为什么写原创论文或是教科书的人，需要一个相当连贯且通俗的理论术语来描述他们的发现，或叙述事实，这个方式让我们有效且有条理地掌握各种科学知识，但往往却忽略了实际观察结果和由此产生的理论之间的区别。

由于科学理论总是需要感知的参与，也具有某种感官上的性质，所以理论很容易被认为可以解释相关的感觉；事实上，科学理论永远做不到这一点。

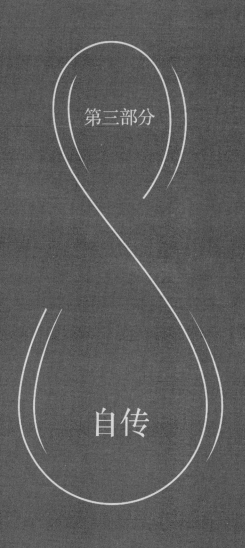

第三部分

自传

在我生命的大部分时间里，我和我最好的朋友——也是我唯一的至友弗兰策尔（Fränzel），住得相隔很远（也许这就是为什么我经常被指责对待友情不够真诚的原因）。他学的是生物学（确切地说是植物学），我学物理。很多个晚上，我们漫步在格鲁格街和斯克鲁斯街之间，沉浸在有关哲学的对话中。当时我们并不知道，在我们看来是原创的东西，其实千百年来一直萦绕在那些哲学思想大家的脑海里。老师们总是要避开这些话题，因为这些话题可能与宗教教义相冲突，从而引发令人不安的问题。这就是我反对宗教的主要原因，虽然我从来没有因为宗教受到任何伤害。

我无法确定我和弗兰策尔的重聚是在第一次世界大战结束后，还是在苏黎世（1917年），或者是后来在柏林（1927—1933年）。凌晨时分，我们还在维也纳郊区的一家咖啡店聊天。这些年他似乎变了很多，毕竟，我们的信件很少，而信件中的内容更是少之又少。

我应该补充一下，我们还一起读了理查德·塞蒙的著作。无论在此之前或之后，我从未和别人一起读过一本严肃的著作。理查德·塞蒙很快就遭到生物学家们的反对，因为在他们看来，他的观点是建立在"后天习得性状可遗传"基础上的，于是不久之后他的名字便被遗忘了。许多年后，我在伯特兰·罗素（Bertrand Russell）的一本书（《人类的知识》）中再次看到了他的名字。罗素对这位亲切的生物学家进行了深入研究，并强调了他的记忆理论的重要性。

直到1956年，我和弗兰策尔才在位于维也纳巴斯德街4号的公寓里有一次非常短暂的相聚，当时还有其他人都在场，所以那15分钟的见面几乎不值一提。弗兰策尔和他的妻子住在奥地利北边的国家，虽然没有受到当局的限制，但离开那个国家已变得相当困难。此后我们再也没有见过面：两年后他突然去世了。

今天，我仍然是他的侄子和侄女的朋友，他们是他最喜爱的弟弟西尔维奥（Silvio）的孩子。西尔维奥是家里的幼子，在克雷姆斯当医生，1956年我回到奥地利后去探望了他。他当时一定病得很重，因为不久后他就去世了。弗兰策尔的一个兄弟E先生还活着，他是克拉根福受人尊敬的外科医生。E先生有一次带我爬上了多洛米特山的安塞，并目送我安全下山。我们已经失去了联系，因为我们对世界的看法不同。

1906年，在我进入维也纳大学（我唯一就读的大学）前不久，伟大的路德维希·玻尔兹曼（Ludwig Boltzmann）在杜伊诺（Duino）遭遇了悲惨的结局。直到今天，我都没有忘记弗里茨·哈泽内尔（Hasenöhrl）向我们描述玻尔兹曼的贡献时，那些清晰、准确而又充满热情的话语。1907年秋，作为研究玻尔兹曼的学者和继任者，他在古老的土尔肯大楼原来的报告厅里发表了他的就职演说，没有任何盛大的仪式和庆典。他的介绍给我留下了深刻的印象，在物理学中，玻尔兹曼的观点对我的重要性，甚至超越了普朗克和爱因斯坦。顺便说一句，爱因斯坦在早期工作（1905年之前）中也表现出对玻尔兹曼的理论非常着迷。他通过倒过来书写玻尔兹曼方程$S = k\lg w$，成为唯一一个超越此理论的人。没有人比哈泽内尔对我的影响更大，除了我的父亲鲁道夫（Rudolph），在我和我的父亲一起生活的那些年里，他拉着我谈论许多他感兴趣的话题，后面再详细介绍。

我还是学生的时候，就和汉斯·蒂林（Hans Thirring）成了朋友。我们一直保持着这段友谊。1916年哈泽内尔在战斗中阵亡，汉斯·蒂林成了他的继任者。他在70岁时退休，放弃了可以继续任职的机会，他的儿子沃尔特（Walter）继承了玻尔兹曼教授的职位。

1911年以后，当我是埃克斯纳（Exner）的助手时，我遇到了K. W. F. 科尔劳施（K. W. F. Kohlrausch），开始了另一段持久的友谊。科尔劳施因通过实验证明所谓的"施魏德涨落"的存在而成名。在战争爆发的前一年，我们一起研究"二次辐射"，这种辐射以尽可能小的角度在不同材料的小片上产生一束（混合）伽马射线。在那几年里，我明白了两件事：第一，我不适合做实验工作；第二，我周围的环境和身处其中的人不再有获得大规模的实验进展的能力。这有许多原因，其中之一就是在迷人的古老的维也纳，身处关键职位上的人，无论初衷如何，犯错误的大小总是与资历相关，于是明哲保身成为一种时尚，却也是前进的障碍。如果当初能意识到这里需要那些聪明才智的人，那么即使是从远方请来也是值得的！关于大气电和无线电活动的理论都诞生于维也纳，但任何真正致力于自己研究工作的人都追随到了这些理论流传到的地方去。例如莉斯·迈特纳（Lise Meitner）就离开维也纳去了柏林。

回顾过去，我非常感激，因为我在1910—1911年接受预备役军官训练，我被任命为弗里茨·埃克斯纳的助理，而不是哈泽内尔。这意味着我可以和K. W. F. 科尔劳施一起做实验，使用各种仪器，尤其是那些光学仪器，我可以把它们带回我的房间尽情地摆弄。因此我学会了调试干涉仪、观测光谱仪、调和颜色等，我还通过瑞利方程发现了我眼睛的视觉异常。此外，我还参加了长时间的实践课程，认识到测量的重要性，我希望有更多的理论物理学家这么做。

1918年，我们经历了另一场革命，卡尔皇帝退位，奥地利成为共和国。人们的日常生活基本保持不变。但我的生活受到了帝国解体的影响。我在切尔诺维茨（Czernowitz）谋得了一个理论物理学讲师的职位，在接触到叔本华之后，他让我了解了《奥义书》中的"统一理论"，我就打算把空闲时间都用来学习更深层次的哲学知识。

对我们维也纳人来说，战争及其后果意味着我们的基本需求无法得到满足。获胜的协约国采用饥饿来报复他们敌人的无限制的潜艇战争，这场战争如此残酷，就算在第二次世界大战中，俾斯麦（Bismarck）首相的继承人和追随者，也只能在数量上而不是在质量上超过它。除了农场外，全国各地都在挨饿，我们可怜的妇女被派到农场去讨要鸡蛋、黄油和牛奶。尽管这些东西是她们用针织衣服、漂亮的衬裙等交换来的，她们还是被嘲笑，被当作乞丐对待。

在维也纳，几乎不可能进行社交和招待朋友。根本没有什么可提供的食品，即使最简单的菜也要留到周日午餐时吃。从某种程度上说，每天去社区厨房也是对社交活动的一种补偿。在德文中，"社区"和"卑鄙的把戏"容易产生混淆，我们在那里见面吃午饭。我们必须感谢那些靠"无米之炊"创造美食的女性。毫无疑问，为三五十人做饭比为三个人做饭要简单得多。此外，为他人减轻负担本身也是值得的。

在"社区厨房"，我和我的父母遇到了一些和我们有相似兴趣的人，其中一些人，比如都是数学家的拉顿夫妇，成了我们家的至交。

我相信在某些方面，我的父母和我处于贫穷的境地。那时候，我们住在城里一幢相当值钱的楼房里，是位于五层的一套大公寓（实际上是两套公寓合二为一），那是我外祖父的房子。房子里没有电灯，部分原因是我祖父不想花钱安装，还有一个原因是我父亲特别习惯使用煤气灯，当时灯泡还很贵，效率也很低，我们真的觉得没有必要。我们把旧的砖炉灶搬走，换成了带铜反光镜的实心煤气炉。在那个年代，是很难找到仆人的，于是我们希望能让事情变得更容易些。所以我们做饭也用煤气，虽然厨房里还有一个巨大的烧木头的旧炉子。一切还算顺利，直到有一天更高一级的官僚机构，可能是市议会下达了煤气必须定量配给的命令。从那天起，无论需求如何，每个家庭每天只允许使用一立方米的燃料，如果有人被发现过量使用，煤气就会被切断。

　　1919年夏天，我们去了卡林西亚省的米尔施塔度假，我62岁的父亲开始出现衰老的迹象，这是他的最后一场病，我们当时并没有意识到这一点。每当我们出去散步时，他总是落在后面，尤其是在陡峭的地方，他会停下来假装对植物很好奇来掩饰他的疲惫。大约从1902年起，父亲的主要兴趣是植物学。在夏天的几个月里，他放弃了对意大利伟大画家的研究，放弃了自己的艺术兴趣，放弃了无数风景的素描，他已经开始为形态遗传学和系统遗传学收集研究材料，不是为了建立一个自己的植物标本室，而是为了用他的显微镜和切片机进行实验。父亲对我们的催促"哦，鲁道夫，快走吧"和"薛定谔先生，时间不早了"反应相当寡淡，但这也没有引起我们的重视，我们已经习惯了，我们把它归结为父亲的专注力。

　　我们回到维也纳后，这些迹象变得更加明显，但我们仍然没有把它们当作某种警告来认真对待：他的鼻子和视网膜经常大量出血，最后他的腿出现水肿。我想他比所有人都早知道自己将不久于世。不幸的是，这正是上面提到的煤气短缺的时候。我们买了一些碳棒灯，他坚持要自己照看这些灯，于是，一股可怕的恶臭从他漂亮的图书室里散发出来，他把图书室变成了一个碳化物实验室。20年前，当他学会用施穆泽蚀刻时，他曾在这个房间里把铜板和锌板浸泡在酸和氯化水中。那时我还在上学，对他的这些实验非常感兴趣。但现在我没有再次参与他的研究。在战争中服役近4年后，我很高兴回到我热爱的物理研究所。此外，1919年秋，我和我妻子订婚了，此后我们相守了40年。我不知道我父亲是否得到了良好的治疗，但我知道的是，我应该更好地照顾他。我应该请理查德·冯·维特斯坦（Richard von Wettstein）在医学界寻求帮助，毕竟他是我父亲的好朋友。或许更好的建议会减缓他的动脉硬化？如果是这样，这对一个病人会有好处吗？1917年，我们在斯蒂芬广场的油布和油毡店（由于库存不足）关闭后，只有父亲独自支撑着我们家的财务状况。

1920年的平安夜，他在他的旧扶手椅上安静地离世。

第二年是通货膨胀异常猖獗的一年，这意味着父亲那原本微薄的银行存款更不值钱了，而这笔钱无论如何也无法维持家里的生计。卖掉波斯地毯的收入（得到了我的同意！）已经分文不剩；显微镜、切片仪和他的大部分藏书，也在他死后被我送给了那些来悼念他的人。在过去几个月里，他最担心的是，在我32岁的年龄却只能挣到1000奥地利克朗（税前收入，我敢肯定，除了我在战争期间当军官外，他把这一收入报了税）。他目睹我唯一的成功是，我得到了（也接受了）一个薪水更高的职位，在耶拿做马克斯·维恩（Max Wien）的私人讲师和助理。

1920年4月，我和妻子搬到了耶拿，留下我母亲一个人自谋生路，这一点我至今也无法释怀，她不得不承担收拾和打扫房间的重担。我外公是房子的主人，父亲死后，我外公就很担心谁来付房租。我们显然已无能为力，母亲不得不把房子租给一个更富裕的房客。我未来的岳父好心地带来了一个叫作"菲尼克斯"的犹太商人，那个商人在一家生意兴隆的保险公司工作。于是妈妈只好搬走，到哪里去了我也不知道。如果我们不是如此糊涂，我们就会预见到，无数类似情况也会证明我们是对的，如果我母亲能活得久一点，那套家具齐全的大公寓对她来说将会是一笔巨大的财富。1917年她做了乳腺癌手术，手术很成功，她于1921年秋死于脊柱癌。

我很少记得做过的梦，也很少做噩梦，可能除了很小的时候。然而，在父亲去世后的很长一段时间里，一个噩梦反复地出现：父亲还活着，而且我知道我已经把他所有漂亮的仪器和植物学书籍都送人了。既然我已经轻率而不可挽回地摧毁了他的精神生活的基础，我该如何面对他呢？我确信是我的罪恶感引起的，因为在1919年到1921年间，我对父母的关心太少了。这可能是唯一的解释，因为我通常不会被噩梦或内疚所困扰。

我的童年和青春期（1887～1910年左右）主要受到父亲的影响，父亲的影响不是通过正常的教育方式，而是潜移默化的方式。这是因为他待在家里的时间比大多数为生计奔波的人多得多，而我也待在家里。在我早期的学习生涯中，我的老师是一位家庭教师，每周来我家两次，在我进入文法学校时，我们仍然保持着每周上25个小时课的教育传统，每天上午上课（有两个下午我们要参加基督教新教教育）。

在那里，我学到了很多，尽管不一定总是与宗教有关。学校这样的时间安排有很多好处，如果学生有兴趣，他有足够的时间去思考，也可以参加课程之外的家庭教师的课程。我对我的母校（大学预科学校）由衷的赞美：我在那里很少感到无聊，偶尔确实无聊时（我们的哲学预备课真的很糟糕）我就会把注意力转移到其他科目上，比如法语翻译。

　　此处我要补充一些通俗化的评论。染色体作为遗传的决定性因素的发现，似乎让人们忽视了其他更广为人知但同样重要的内容，如交流、教育和传统。因为从遗传学的角度来看，它们不够稳定，所以并不那么重要。这是完全正确的。然而也有像卡斯帕·豪泽（Kaspar Hauser）这样的例子，比如一小群塔斯马尼亚"石器时代"的孩子，他们最近才被带到英国环境中生活，接受一流的英国教育，结果他们达到了英国上流社会的教育水平。这难道不是证明了是染色体和文明的人类环境产生了我们这种人吗？换句话说，每个人的智力水平都是由"天生血统"和"后天教养"共同决定的。因此，学校［不像玛丽亚·特蕾莎（Maria Theresa）皇后喜欢看到的那样］对背景同样重要，它就像为学校将要播下的种子准备土壤。不幸的是，这一事实被许多人所忽视，他们声称只有未受过良好家庭教育的孩子，才应该上高等学校接受教育（他们的孩子会因为这样的原因被排除在外吗）。在英国上流社会，寄宿学校取代家庭生活，早早离家被认为是贵族的标志。因此，即使是现在的女王也不得不与她的长子分开，把他送到寄宿学校。严格来说，这些都不关我的事。当我再次意识到我从和父亲一起度过的时光中收获了多少，而如果没有他，我从学校里得到的知识又会是多么的少时，我才想起了这件事。事实上，我父亲所知道的远比学校能教我的要多，这并不是因为他在30年前被迫去研究它，而是因为他仍然对学习感兴趣。如果展开来说，我将会讲一个很长的故事。

　　后来，当他开始学习植物学，而我也囫囵吞枣地读完了《物种起源》，我们的讨论就有了不同的性质，当然与在学校里的讨论内容不同。在学校里，在生物课上仍然禁止讲授进化论，教宗教教育的老师称其为异端邪说。但我很快就成了达尔文主义的狂热追随者（我现在仍然是），而父亲则受到朋友们的影响，告诫我要谨慎行事。一方面，自然选择和适者生存之间的联系，另一方面，孟德尔遗传法则和德弗里斯突变理论间的联系，还没有被完全发现。即使在今天，我也不明白为什么动物学家总是倾向于相信达尔文，而植物学家似乎更愿意保持沉默。然而，有一件事我们观点一致，当我说"大家"的时候，我会特别记得霍夫莱特·安顿·汉得里希（Hofrat Anton Handlisch），他是自然历史博物馆的一位动物学家，也是我父亲所有朋友中我最熟悉最喜欢的人，我们都一致认为进化论的基础是因果关系而非目的论。而且，在有生命的有机体中，没有任何特殊的自然法则，诸如生命活力或定向进化力等，能够背离或抵消无生命物质的普遍规律，这个观点使我的宗教老师很不高兴，然而我并不在乎。

我们一家有在夏天旅行的习惯，这不仅点亮了我的生活，也激发了我的求知欲。我记得在我上中学的前一年我们去了英国，当时住在拉姆斯盖特我母亲的亲戚家里。又长又宽的海滩，非常适合骑马和学习骑自行车。强烈的潮汐变化使我全神贯注，海边建起了带轮子的小浴房，一家人和他的马总是忙着根据潮汐把这些小浴房移来移去。在英吉利海峡，我第一次注意到，远处的船只出现之前，人们可以提前看到地平线上的烟囱冒出的烟，这是海洋表弯曲的结果。

在莱明顿的马德拉别墅，我见到了我的曾外祖母，人们叫她罗素夫人，她住的那条街也叫"罗素街"，我确信这是以我已故曾祖父的名字命名的。我母亲的一位姨妈和她的丈夫阿尔弗雷德·柯克（Alfred Kirk）以及6只安哥拉猫也住在那里（后来据说有20只）。此外，还有一只普通的公猫，它经常在夜间冒险后闷闷不乐地回家，所以给它取了个名字叫托马斯·贝克特（Thomas Becket，指的是被亨利二世国王下令处死的坎特伯雷大主教），当时在我看来，意义不大，而且也不太合适。

多亏了我母亲最小的妹妹明妮姨妈，她在我5岁时从莱明顿搬到维也纳，使我能够用德语写作之前，当然更不用说学会用英文写作之前了，就能够说一口流利的英语，后来当我开始学习英文拼写和阅读时，我已对这门语言掌握很多，我的英文基础也令人吃惊。多亏了我的母亲，要求我每天花半天的时间练习英语，当时我对此并不情愿。我们一起从魏赫堡走到美丽安静的因斯布鲁克小镇，母亲说："现在我们一路要用英语交谈，一句德语也不要说了。"我们也是这么做的。直到今天，我才意识到我从中获益颇丰。虽然被迫离开了我的出生地，但我在国外从未感到陌生。

我好像记得我们骑自行车在莱明顿参观凯尼尔沃思和沃里克。从英国返回因斯布鲁克的路上，一艘汽船载着我们沿莱茵河而上，途经布鲁日、科隆、科布伦茨。我记得还有吕德斯海姆、法兰克福、慕尼黑，最后回到因斯布鲁克。我还记得理查德·阿特尔迈尔（Richard Attlmayr）的那间小公寓的点点滴滴。

我第一次上学就是从那里去了圣尼古拉斯，在那里我受到家庭教师的辅导，因为我的父母担心我在假期忘记了ABC和算术，无法通过秋天的入学考试。后来的几年里，我们总是去南蒂罗尔或卡林西亚，有时还会在9月去威尼斯住几天。在那些日子里，我看到的美丽事物数不胜数，但由于汽车、"发展"和新的边界，这些东西已经不复存在了。我想当时很少有人，更不用说今天了，能像我这样度过如此幸福的童年和青春期，即使我是家中的独生子。每个人对我都很友好，我们彼此关系都很好。要是所有的老师，包括家长，都能把相互理解的必要性放在心上就好了！没有这种理解，我们无法对托付给我们的孩子产生持久的影响。

也许我应该谈谈我在1906—1910年的大学生活，因为以后可能没有机会提起了。我之前提到过哈泽内尔和他精心设计的四年课程（每周5小时）对我的影响超过了其他任何东西。不幸的是，我因为服兵役错过了最后一年（1910—1911）的学习。但事情并不像我想象的那样令人不愉快，我被派往美丽的克拉科夫古城，我还在卡林西亚边境（马尔博赫附近）度过了一个难忘的夏天。

除了哈泽内尔的课程，我参加了所有我能参加的数学讲座。古斯塔夫·科恩（Gustav Kohn）做了关于射影几何的演讲，他的讲解严肃而清晰，给人留下了深刻的印象，科恩会用没有任何公式的综合方法讲授。事实上，没有比这更好的例子来证明公理系统的存在了。通过他的讲授，二元性，尤其被证明的过程，是一种振奋人心的现象，它在二维和三维几何中性质有所不同。他还向我们证明了克莱因（Felix Klein）的群论对数学发展的深远影响。在二维结构中，第四调和元素的存在必须作为一个公理被接受，而在三维结构中，却很容易被证明，这在他看来是哥德尔（Goedel）大定理的最简单的例证。我从科恩那里学到了很多以后再也没有时间去学习的东西。

我听过耶路撒冷关于斯宾诺莎的讲座，那对任何参加过讲座的人来说都是一次难忘的经历，他谈了很多关于伊壁鸠鲁的哲学，包括伊壁鸠鲁的"死亡不是人类的敌人"和"对于虚无的想象"，这些都是伊壁鸠鲁在进行哲学思维时始终牢记在心的命题。

大学第一年，我还学习了定性化学分析，也是受益匪浅。斯克劳普（Skraup）的无机化学分析课讲得相当好，相比之下，我在夏季学期读的其他关于有机化学分析的书就差多了。也许它们比我认为的要好很多，但仍然无法增加我对核酸、酶、抗体等知识的理解。因此，我还是靠着直觉来摸索前进的路，而且效率很高。

1914年7月31日，父亲来到我在玻尔兹曼加斯的小办公室，告诉我我被征召入伍的消息。我们去买了一大一小两把枪，幸运的是，我从来没有被强迫用它来对付人或动物。1938年，我把它们交给了一位前来搜查我在格拉茨的公寓的官员。

下面，简单说一下战争情况：我的第一个营地在卡林西亚，平淡无奇。不过有一次，我们虚惊一场。我们的指挥官莱因德尔（Reindl）上尉，已经和他的亲信商量好，如果意大利军队沿着宽阔的山谷向莱布勒湖推进，就放烟雾作为警告信号。碰巧就在边境附近，有人在烤土豆或烧杂草。于是，我们奉命看守两个哨岗，我被派去看守左边的那个。我们在上面待了十天，直到有人记得叫我们下来。在那里，我了解到有弹性的地板（只有睡袋和毯子）比坚实的地板睡起来舒服得多。

另一次观察任务和第一次不同，是我从未经历的。一天晚上，值班的警卫把我叫醒报告说，他看到很多灯在我们对面的斜坡上，向我们的位置移动（顺便说一句，这部分西柯夫山根本没有路）。我从睡袋里出来，穿过连接柱子的通道仔细观察。守卫对灯光的判断是正确的，但那是几码外我们自己铁丝网顶上圣埃尔摩的火光，它们的平行移动是因为观察者本身在移动。每当我在晚上走出宽敞的防空洞时，就会看到覆盖在屋顶草尖上的那些漂亮小火光。这是我唯一一次遇到这种现象。

在那里度过了一段闲暇时光后，我被派往弗兰岑费斯特驻守，然后又被派往克雷姆斯和科蒙。有一段时间我不得不在前线服役，我先是加入了戈里齐亚的一个小分队，然后是杜伊诺，这支军队装备了一门奇怪的海军炮。我们最终退到西斯蒂亚纳，在那里我被派到普洛塞科附近一个相当无聊但相当漂亮的观察哨，在离里雅斯特900英尺的地方，我们配备的武器很奇怪。我未来的妻子安玛丽（Annemarie）来那里看我，碰巧波旁（Bourbon）王子，也就是齐塔（Zita）皇后的弟弟，视察我们的阵地，他没有穿制服，后来我才知道他实际上是我们的敌人，因为他在比利时军队服役，因为当时法国人不允许波旁家族的任何成员加入法国的军队。他当时来访的目的是希望促成奥匈帝国和协约国之间达成和平协议，当然这意味着对德国的背叛。不幸的是，他的计划从未得到实施。

我第一次接触爱因斯坦1916年提出的理论是在普罗塞克。那时我有许多可自由支配的时间，仍然很难理解他的理论。尽管如此，我当时做的一些旁注，现在看来仍然是相当有见地的。爱因斯坦通常会以一种不必要的复杂形式提出一个新理论，比如他在1945年提出的所谓的"非对称"幺正场论（unitary field theory）。也许不仅仅是这位伟人，人们在阐述一个新观点的时候总是会这样。针对上述理论，泡利（Pauli）当场就告诉他，没有必要引入复数，因为他的每个张量方程，都包含了一个对称部分和一个反对称部分。直到1952年，为庆祝路易·德·布罗意（Louis de Broglie）的60岁生日，他和考夫曼（Mme B. Kaufman）夫人一起写的一篇文章中，他才巧妙地摒弃了所谓的"极有说服力"的论述，同意了我那简单得多的论述方式，这对他来说的确是非常重要的一步。

大概是战争的最后一年，我在军中作为一名"气象学家"，先是在维也纳，然后是菲拉克、诺伊斯塔德，最后又回到了维也纳。这对我来说是相当珍贵，因为这使我避免了跟随部队从崩溃前线的灾难性撤退。

1920年3月或4月，我和安玛丽结婚不久后，搬到了耶拿，在那里找到了带有家具的住房。奥尔巴赫（Auerbachs）教授要求我在课程中加入一些最新的理论物理学，奥尔巴赫夫妇是犹太人，我的老板马克斯·维恩（Max Wien）和他的妻子（按照传统，他们是反犹太主义者，但没有个人的恩怨）与我们和平相处，良好的人际关系对我帮助很大。据我所知，1933年，在希特勒上台后，奥尔巴赫一家自杀了，因为没有其他方法可以逃离未来可能遭受的压迫和羞辱。埃伯哈德·布赫瓦德（Eberhard Buchwald），一个刚刚失去妻子的年轻物理学家，还有一对叫埃勒的夫妇和他们的两个小儿子，他们也是我们在耶拿的朋友。去年夏天（1959年），埃勒（Eller）夫人来阿尔巴克这里看望过我，这位可怜的妇人在战争中失去了自己的三个男人，并且他们是为自己并不信奉的事业而牺牲的。

按时间顺序记录某人的生活，是我能想到的最无聊的事情之一。无论你是在回忆自己的生活还是别人的生活，除了偶尔的经历或观察，你会发现很少有值得回忆的事情，即使事件的历史顺序在当时对你来说很重要。因此，我要对我一生中各个时期做一个简短的总结，这样可以在以后查阅时不必按时间顺序查找。

第一阶段（1887~1920年）以我与安玛丽结婚到离开德国而结束。我将之称为维也纳时期。第二阶段（1920~1927年）我称之为"第一次浪迹天涯"，因为那段时间，我先后在耶拿、斯图加特、布雷斯劳，最后又去了苏黎世（1921年）。这段时间以我应邀到柏林接替马克斯·普朗克的工作结束。1925年，我在阿罗萨逗留期间，发现了波动力学，论文发表于1926年。也因此我去北美进行了为期两个月的巡回演讲，那时正值美国禁酒令推行时期。第三阶段（1927～1933年）是一个相当不错的阶段。我称之为"我的教与学"，到1933年希特勒上台结束，当我完成那年的夏季学期时，我就忙着把我的一些私人财物邮寄到瑞士。7月底，我离开柏林到南蒂罗尔度假。根据《圣日耳曼条约》，南蒂罗尔已归意大利所有，所以我们持德国护照仍可前往，但无法进入奥地利。俾斯麦首相的继任者成功地对奥地利实行了著名的"钢铁封锁线"（例如，因为无法获得当局的许可，我的妻子不能在她母亲70岁生日时去看她）。夏天结束后，我没有回柏林，而是递交了辞呈，很长时间都没有任何回音。事实上，他们后来否认收到过我的辞职信，当他们得知我获得了诺贝尔物理学奖时，更是断然拒绝了我的辞呈。

第四阶段（1933～1939年）我称之为"晚年的流浪"。早在1933年春天，林德曼（后来的查维尔勋爵）给我提供了一个在牛津"谋生"的机会，那是在他第一次访问柏林的时候，我碰巧提到了我对目前形势的厌恶，他当即向我发出了邀请，他一直恪守着他的诺言，于是我和妻子开着为此准备的小宝马车上路了。我们离开马尔切西内，经过贝加莫、莱科、圣哥达、苏黎世和巴黎，到达布鲁塞尔，当时布鲁塞尔正在举行苏维尔大会，从那里我们去了牛津，这段路程我没有和家人一起旅行。林德曼已经提前做好了安排，我被聘为莫德林学院的研究员，但我的大部分工资来自英国帝国化学工业公司。

1936年，我同时收到爱丁堡大学和格拉茨大学的邀请，我选择了后者，这是一个极其愚蠢的选择。选择本身和结果都是没有先例的，虽然结果是幸运的。当然，在1938年我或多或少受到了纳粹的影响，但那时我已经接到了去都柏林的电话，德瓦勒拉（de Valera）即将在那里成立高等研究所，于是我接受了他的邀请。事实上，假如1936年我去了爱丁堡大学（马克斯·波恩代替了我的职位），德瓦勒拉曾经的恩师，E. T. 惠特克（Whittaker）也在爱丁堡大学供职的，他一定会因为忠于自己的学校而不会推荐我去都柏林。都柏林对我来说要好上100倍，不仅爱丁堡的工作对我来说是一个沉重的负担，整个战争期间在大不列颠，外国人的地位都不乐观。

我们的第二次"逃亡"是从格拉茨出发，经过罗马、日内瓦和苏黎世到达牛津，我的好朋友怀特海（Whiteheads）让我们在他们牛津的家中住了两个月。这次我们不得不把我们那辆漂亮的小宝马"格劳林"留在格拉茨，因为它太慢了，而且我也没有驾照了。都柏林学院的工作还没有筹备好，所以我和妻子、席德（Hilde）、露丝（Ruth）在1938年12月一起去了比利时。开始我在根特大学做客座教授（用德语），准备"弗兰基基金会研讨会"的讲座。后来我们在海边的拉帕尼度过了大约4个月。尽管海边有很多水母，那还是一段美好的时光。这也是我唯一一次遇到大海的"磷光"现象。1939年9月，第二次世界大战爆发的第一个月，我们经英国前往都柏林。由于我们因持德国护照，所以是英国人的敌人，多亏了德瓦勒拉的推荐信，我们才被获准过境。也许林德曼也动用了一些人际关系，虽然我们在一年前有过不愉快的经历，但他毕竟是一个非常正派的人。我相信，作为丘吉尔的朋友和物理学方面的顾问，他在战争期间为英国的防御工作做出了杰出的贡献。

第五阶段（1939～1956年）我称之为"漫长的流放"，但这里的"流放"没有所隐含的苦涩回忆，那是一段美好的时光，否则，我永远不会知道这个遥远而美丽的岛屿。在纳粹战争期间，再没有其他地方能让我平静度日，不受那些令人羞耻的问题的困扰，设想一下，无论有没有纳粹或战争，这17年我们一直在格拉茨"嬉水打闹"，那将是怎样枯燥的生活。所以有时我们会私下说："真的感谢我们的元首。"

第六阶段（1956年~？）我称之为"回到维也纳"。早在1946年，我就再次被邀请担任奥地利主席。当我把这件事告诉德瓦勒拉时，他认为中欧的政治局势不稳定，力劝我不要接受，看来他是完全正确的。虽然他在很多方面都对我很好，但如果我出了什么事，他丝毫不关心我妻子的未来。他只能说，他也不知道如果他遇到这种情况时，他的妻子会怎么样。所以，我告诉维也纳的人们，我很想回去，但我想等一切恢复正常。我告诉他们，因为纳粹，我已经被迫中断工作两次了，因此不得不在其他地方重新开始。如果再来第三次，我的工作就都完了。

回想起来，我觉得我的决定是正确的。当时的奥地利饱受蹂躏，充满了苦难和艰辛。我向奥地利当局提出，希望能为我妻子提供一笔抚恤金作为赔偿，这些努力是徒劳的，即使他们很愿意补偿过失。当时的国家极度贫困（1960年的今天仍然如此），无法只给少数人发放补贴而不顾其他人。就这样，我在都柏林又待了十年，这对我很有意义。我写了相当多的英文短篇作品（剑桥大学出版社出版），并继续研究万有引力的"非对称"广义引力理论，但研究结果差强人意。

最后，还有一些比较重要的是，沃纳（Werner）先生分别在1948年和1949年两次成功地切除了我双眼的白内障。1956年，奥地利终于非常慷慨地恢复了我原来的职位。我还收到了维也纳大学的新任命（特殊优待），尽管我这个年龄只能任职两年半。这一切，我要感谢我的朋友汉斯·蒂林和教育部长德里梅尔（Drimmel）博士。与此同时，我的同事罗布拉彻（Robracher）成功地推动了关于名誉教授的新法案的实施，我也因此获得了名誉教授的地位。

　　我的时间顺序总结到此结束。希望能够补充一些各时期的不那么枯燥的细节或想法，但我不会把我的生活描绘得那么完整，因为我不擅长讲故事。此外，我还省略了非常重要的一部分，即我和女人的关系。首先，这无疑会引发流言蜚语；其次，对其他人来说也没有意思；最后但很重要的是，我不相信有人能够在这些事情上足够诚实。

　　这篇总结是今年年初写的。现在偶尔通读一下也能自得其乐。但我决定不再写下去了，因为我的人生也不会再有什么值得写的事情了。

薛定谔

1960 年 11 月